# DER SELEKTIVSCHUTZ NACH DEM WIDERSTANDSPRINZIP

VON

DR.-ING. M. WALTER

MIT 144 ABBILDUNGEN

MÜNCHEN UND BERLIN 1933

VERLAG VON R. OLDENBOURG

Druck von R. Oldenbourg, München.

# Vorwort.

Im vorliegenden Buch wird der Selektivschutz nach dem Widerstandsprinzip (Distanzschutz) in umfassender und zusammenhängender Darstellung gebracht.

Außer den gewöhnlichen Distanzrelais mit stetigem Zeitkennlinienverlauf sind auch die schnellwirkenden Distanzrelais mit stufenförmigen Zeitkennlinien behandelt, wodurch neben der jüngsten deutschen Praxis auch die ausländische genügende Berücksichtigung findet. Schließlich werden auch die Selektivschutzsysteme nach dem Vergleichprinzip mit Hilfsleitungen oder Hochfrequenzkanälen kurz gestreift.

Strom- und Spannungswandler, Auslöser und Stromquellen für die Auslösung, die bekanntlich wichtige Bestandteile einer Selektivschutzanlage darstellen, sind in erforderlichem Ausmaß erörtert.

Einteilung und Behandlung des Stoffes entsprechen vorwiegend den Bedürfnissen des praktisch tätigen Ingenieurs und des Studierenden. Bei der Abfassung wurde bewußt darauf verzichtet, Einzelheiten von den Erzeugnissen der Herstellerfirmen zu bringen. Es wurde vielmehr darauf Wert gelegt, nur das Wesentliche in den Vordergrund zu stellen, und zwar in einer Art, wie man es in der Praxis braucht und wünscht.

Die von der »Vereinigung der Elektrizitätswerke« in Vorschlag gebrachten Bezeichnungen auf dem Relaisgebiet sind nach Möglichkeit benutzt worden, die Formelzeichen zum großen Teil den Regeln des AEF entnommen.

Berlin, April 1933.

M. Walter.

# Inhaltsverzeichnis.

### Berichtigung.

Die symbolische Darstellung des Spannungswandlers in den Abb. 27, 58 und 59a ist nicht vorschriftmäßig. Die richtige Darstellung siehe bei den Abb. 3 und 15.

# I. Allgemeiner Teil.

## A. Grundsätzliche Arbeitsweise der Relais nach dem Widerstandsprinzip (Distanzrelais).

Der Weg zu den Selektivrelais nach dem Widerstandsprinzip (Impedanzrelais, Reaktanzrelais und Resistanzrelais) führt über die Abschmelzsicherungen, die abhängigen, begrenztabhängigen und unabhängigen Überstromzeitrelais und zuletzt über die Unterspannungszeitrelais, die sog. Spannungsabfallrelais. Erst durch die widerstandsabhängigen Relais ist es möglich geworden, die Energieübertragung und die Energieversorgung in Hochspannungsnetzen jeder Gestaltung auch in Kurzschluß- und Doppelerdschlußfällen zu sichern.

Die widerstandsabhängigen Relais stellen in der Relaistechnik einen entschiedenen Fortschritt dar. Ihrer Einführung hat man es zu verdanken, daß die Relaistechnik selbst zu einem beachtenswerten Zweig der Elektrotechnik geworden ist. War doch das Relaisgebiet bis vor einigen Jahren noch stark vernachlässigt. Die Entwicklung der widerstandsabhängigen Relais hat es zwangläufig mit sich gebracht, daß die Vorgänge in den Leitungsnetzen bei Kurzschluß, insbesondere bei Kurzschluß über Lichtbogen und bei Doppelerdschluß (Kurzschluß über eine Erdstrecke), einem vielseitigen Studium sowohl theoretisch als auch praktisch unterzogen wurden. Die Ergebnisse dieser Untersuchungen sind zum Teil in der Literatur veröffentlicht, zum Teil befinden sie sich noch als Niederschriften in den Akten der betreffenden Firmen.

Die Abtrennung gestörter Anlageteile (Freileitungen, Kabel, Transformatoren, Sammelschienen) bei Kurzschluß und Doppelerdschluß wird in beliebig gestalteten Netzen von den widerstandsabhängigen Relais, und zwar ohne besondere Zusatzeinrichtungen, deshalb selektiv herbeigeführt, weil diese im Gegensatz zu anderen, wie Überstromzeitrelais, Unterspannungszeitrelais, Differentialrelais usw. im wesentlichen zugleich drei Größen: Strom, Spannung, Energierichtung, als wählende bzw. unterscheidende Merkmale benutzen. Dabei versteht man unter selektiver Abschaltung die selbsttätige Abtrennung gestörter Anlageteile durch die dem Fehler benachbarten

Hochspannungsschalter. Die Auslösung der Schalter wird hierbei durch die zugehörigen Relais nach Eintritt von anormalen Betriebsverhältnissen mit kurzschlußartigem Charakter veranlaßt.

Wie sich die Strom- und Spannungsverteilung sowie die Energierichtung bei Kurzschluß gestalten, soll durch nachstehende Betrachtungen an Hand zweier Beispiele (Abb. 1 und 2) näher erläutert werden.

In Abb. 1 stellt die senkrechte Schraffur die Spannungsverteilung, die karierte Schraffur den Stromverlauf dar. An der Kurzschlußstelle, die durch den Blitzpfeil gekennzeichnet ist, herrscht zwischen den betroffenen Phasen bei metallischer Berührung eine Spannung von nahezu Null Volt. Bei Kurzschluß über Lichtbogen oder über Erde, dem sog. Erdkurzschluß, stellen sich natürlich höhere Werte ein. Von der Kurzschlußstelle aus steigt die Spannung zwischen den kurzgeschlossenen Leitern nach den

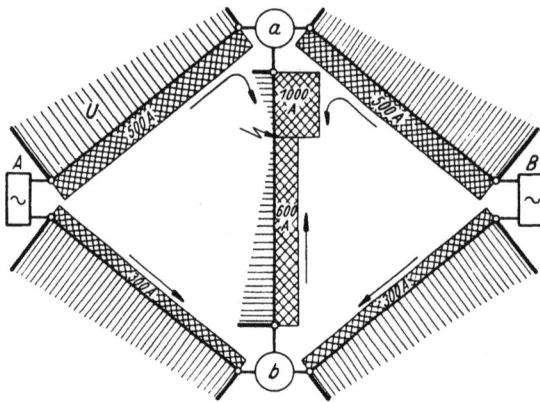

A und B — Kraftwerke. | a und b — Unterstationen.
Abb 1. Strom- und Spannungsverteilung im Netz bei Kurzschluß.

Stromquellen bzw. Kraftwerken hin stetig an, entsprechend dem Zunehmen der Kurzschlußschleifen an Länge und mithin an Impedanz (Scheinwiderstand). Die Stromstärke dagegen ist längs der einzelnen Leitungen konstant. Bei mehreren parallelen Leitungen sowie in vermaschten Netzen weist sie die größten Werte in der kranken Leitung auf.

Aus dieser Strom- und Spannungsverteilung bei Kurzschluß ergibt sich, daß die selektive Abtrennung des gestörten Anlageteiles erreicht wird, wenn die Relais eine um so kürzere Arbeitszeit aufweisen, je kleiner die Spannung an ihrer Einbaustelle und je größer der Strom in der betroffenen Leitung ist. Diese Bedingung läßt sich ganz allgemein durch die Beziehung

$$t = \tau \cdot \frac{U_k}{I_k} \quad \ldots \ldots \ldots \ldots \ldots (1)$$

ausdrücken, in der $t$ die Arbeitszeit des Relais, $U_k$ die Spannung zwischen den kurzgeschlossenen Phasen, $I_k$ den Strom in der Kurzschlußschleife (vgl. Abb. 2) und $\tau$ eine Relaiskonstante darstellt. Der Quotient $\frac{U_k}{I_k}$ ist hier nichts anderes als der Scheinwiderstand der Kurzschlußschleife. Die vorstehende Beziehung kann daher auch folgendermaßen ausgedrückt werden:

$$t = \tau \cdot Z \quad \ldots \ldots \ldots \ldots \ldots (1\,a)$$

Da der Scheinwiderstand einer Leitung in der Regel je km konstant ist oder sich nur wenig ändert, ist die Arbeitszeit auch proportional der Leitungslänge, gemessen von der Fehlerstelle bis zum Einbauort der Relais. Deswegen werden die widerstandsabhängigen Relais vielfach auch Distanzrelais genannt.

Wenn die Relais auch der Forderung $t = \tau \cdot Z$ genügen, d. h. wenn ihre Arbeitszeit proportional dem Scheinwiderstand ist, so läßt sich eine völlige Selektivität in Netzen, wie den in Kapitel B unter a), b) und c) angeführten, aber nur dann erzielen, wenn die Auslösung der Schalter außerdem noch von der Energierichtung bei Kurzschluß abhängig gemacht wird. Diese Tatsache soll an Hand des zweiten Beispieles (Abb. 2) näher erläutert werden. Hierin bedeuten:

$A$ und $B$ Kraftwerke; $a$, $b$ und $c$ Unterstationen;

$U_A$, $U_a$, $U_b$, $U_c$, $U_B$ Spannungen zwischen den kurzgeschlossenen Phasen an den betreffenden Sammelschienen;

$I_k'$ und $I_k''$ Kurzschlußströme;

$Z_A$, $Z_a$, $Z_b$, $Z_c$, $Z_B$ Primärimpedanzen (Leitungsimpedanzen) der einzelnen Kurzschlußschleifen, gemessen vom Fehlerort bis zur Einbaustelle der Relais;

—o— und —•— widerstandsabhängige Relais (Distanzrelais).

Auf der Leitung zwischen den Unterstationen $a$ und $b$ entstehe an der Stelle $K$ ein zweipoliger satter Kurzschluß. Der Kurzschlußstrom in der rechten Kurzschlußschleife sei $I_k'$, in der linken Kurzschluß-

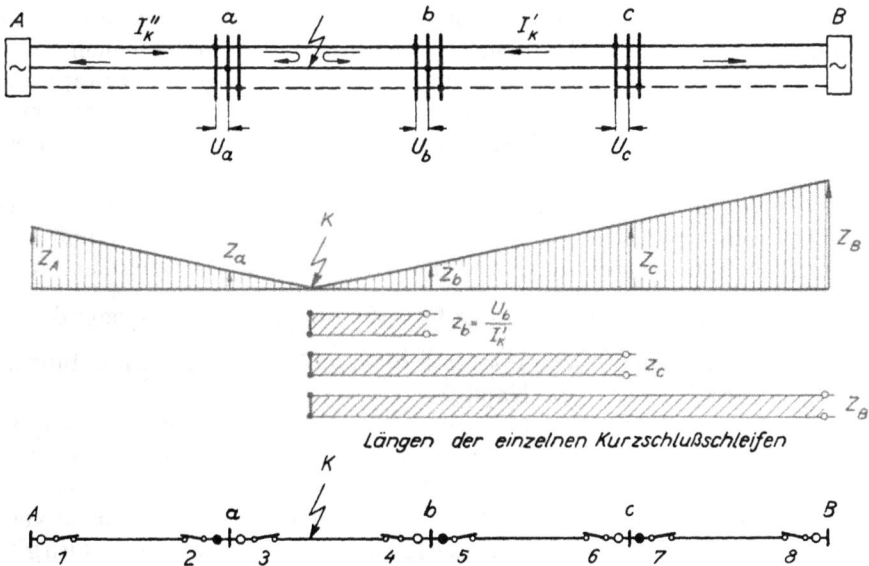

Abb. 2. Widerstände von Kurzschlußschleifen in Abhängigkeit von der Fehlerentfernung.

schleife $I_k''$. Material und Querschnitt der Leiter mögen überall gleich sein. Der Verlauf der Primärimpedanz zu beiden Seiten der Kurzschlußstelle ergibt sich dann, wie er in Abb. 2 aufgezeichnet ist. Sind Querschnitt und Material der Leiter zwischen den einzelnen Stationen verschieden, dann wird die Impedanz der Kurzschlußschleife nicht linear, sondern nach einer gebrochenen Linie verlaufen. Nicht geradlinig verläuft die Impedanz auch dann, wenn an der Kurzschlußstelle hohe Widerstände (Fehlerwiderstände) auftreten, vgl. auch die Ausführungen im Kapitel O unter 2.

Zur selektiven Abschaltung des Kurzschlusses ist im vorliegenden Fall erforderlich, daß die Schalter *3* und *4* die kranke Leitungsstrecke abtrennen. Da jedoch den Relais der Schalter *4* und *5* in der Unterstation *b* gleiche Spannungen und gleiche Ströme zugeführt werden, würden sie bei reiner Widerstandsabhängigkeit gleichzeitig beide Schalter auslösen. Analog liegen die Verhältnisse in der Station *a*. Um selektives Abschalten zu erreichen, macht man das Arbeiten der Relais noch von der jeweiligen Energierichtung abhängig, derart, daß nur diejenigen Relais auslösen können (Relais mit dem Zeichen —○—), bei denen die Leistung im Kurzschlußfalle von den Sammelschienen weggerichtet ist. In unserem Falle werden dann die Schalter *3* und *4* herausgeworfen, denn über sie fließt die Energie von den Sammelschienen weg, während die Schalter *2* und *5*, bei denen die Energierichtung umgekehrt ist (Relais mit dem Zeichen —●—), in der »Ein«-Stellung verbleiben.

Sollte jedoch beispielsweise der Schalter *4* durch Versagen seiner Auslöseeinrichtung (Auslöser, Schalterschloß) nicht abschalten, dann veranlassen die Relais des Schalters *6* je nach der vorgesehenen Zeitstaffelung etwa 0,7 bis 1 Sekunde später die Abtrennung in der Station *c*. Die Relais des Ölschalters *7* sperren auch hier, da ihnen bei dem gegebenen Kurzschluß die Leistung in Richtung nach der Sammelschiene zugeführt wird.

Da die widerstandsabhängigen Relais stets an Strom- und Spannungswandler angeschlossen werden, sind sie auf den Strom und die Spannung auf der Sekundärseite der Netzwandler abzustimmen, und zwar auf den Quotienten $\dfrac{u}{i}$, d. h. auf die »Sekundärimpedanz«, oder deren Komponenten, die »Sekundärreaktanz« oder »Sekundärresistanz«. Näheres hierüber siehe im Kapitel F.

Ein Distanzrelais besteht in der Hauptsache aus einem Anregeglied, einem Ablaufglied und einem Richtungsglied, die entweder in einem gemeinsamen Gehäuse oder in getrennten Gehäusen untergebracht sind (Abb. 3). Das Anregeglied *a* dient zur unverzögerten Ingangsetzung des Ablaufgliedes *b* und des Richtungsgliedes *c* bei Eintritt eines anormalen Betriebszustandes. Es wird ent

sprechend den Netzverhältnissen als Überstrom-, Unterspannungs-
oder Unterimpedanz-Ansprechglied ausgeführt. — Das Ablaufglied,
das im allgemeinen einen Quotientenmesser $d$ darstellt (Meßsystem), dem
oft ein besonderes Zeitelement $e$ zugeordnet ist, dient je nach seiner
Bauart und Schaltung zur Messung des Schein-, Blind- oder Wirkwiderstandes der jeweiligen Kurzschlußschleife. — Das Richtungsglied $c$,
das ein wattmetrisches Gebilde ist, hat die Aufgabe, die Auslösung
solcher Relais zu verhin-
dern, bei denen im anor-
malen Betriebszustand die
Energie nach den Sammel-
schienen hinfließt. Bei
einigen widerstandsabhän-
gigen Relais ist das Richtungsglied im Ablaufglied
inbegriffen. Es handelt
sich dabei um Ablaufglie-
der mit magnetisch gekop-
pelten Strom- und Span-
nungskreisen.

Auf die Zweckmäßig-
keit der einzelnen Anrege-,
Ablauf- und Richtungs-
systeme für bestimmte Be-
triebsverhältnisse wird weiter unten noch näher ein-
gegangen.

Die Schutzrelais nach
dem Widerstandsprinzip
schalten den kranken Netzteil in kurzer Zeit selektiv
ab, und zwar unabhängig
von der Netzgestaltung,

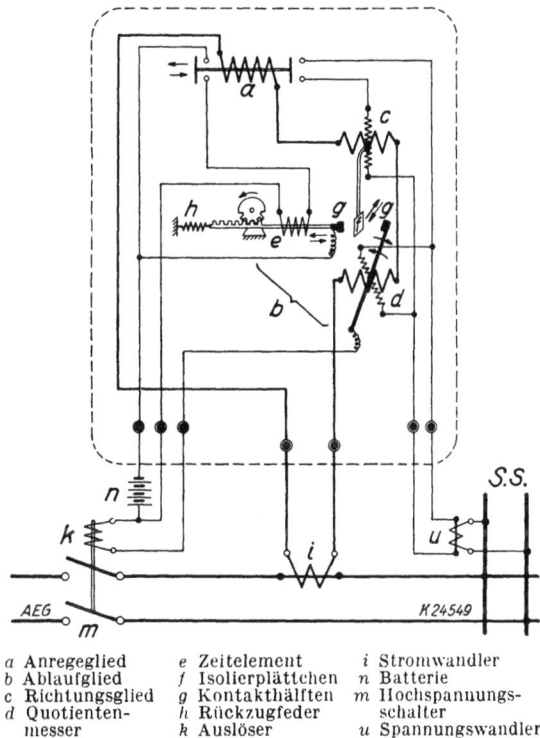

| | | |
|---|---|---|
| $a$ Anregeglied | $e$ Zeitelement | $i$ Stromwandler |
| $b$ Ablaufglied | $f$ Isolierplättchen | $n$ Batterie |
| $c$ Richtungsglied | $g$ Kontakthälften | $m$ Hochspannungs- |
| $d$ Quotienten- | $h$ Rückzugfeder | schalter |
| messer | $k$ Auslöser | $u$ Spannungswandler |

Abb. 3. Prinzipschaltbild eines Distanzrelais.

von der Anzahl der Stromquellen (Einspeisungen), von der Fehlerart
und von der Größe des Kurzschlußstromes. Man braucht auf die
widerstandsabhängigen Relais bei Netzänderungen durch Betriebs-
schaltungen in den allermeisten Fällen keine Rücksicht zu nehmen, da
eine Änderung an der bestehenden Einstellung der Relais, die sich auf
die einzelnen Teilstrecken bezieht, nicht erforderlich ist. Eine Änderung
der Zeitkennlinien[1]) bereits eingebauter Relais ist bei Erweiterung des
Netzes gleichfalls nicht nötig, vorausgesetzt, daß die einzelnen Leitungsstrecken nicht durch weitere Unterstationen unterteilt werden.

[1]) Eine Zeitkennlinie ist die kurvenmäßige Darstellung der Arbeitszeit eines
Relais in Abhängigkeit von den den Ablauf bestimmenden elektrischen Größen.

Die widerstandsabhängigen Relais dienen vorwiegend zum Schutze gegen die Auswirkungen der Kurzschlüsse; sie lassen sich jedoch, insbesondere wenn ein Überstrom-Anregeglied angewendet wird, auch als Schutz gegen betriebsmäßige Überlastungen verwenden. — Doppelerdschlüsse (Abb. 44 und 45) können durch diese Relais ebenfalls selektiv erfaßt werden. Befindet sich ein Doppelerdschluß auf einer Leitung zwischen zwei Nachbarstationen, so wird er von den Relais genau wie ein zweipoliger Kurzschluß abgeschaltet. Dasselbe gilt allgemein auch für zwei- und dreipolige Erdkurzschlüsse (Abb. 47). Erstreckt sich hingegen ein Doppelerdschluß über zwei oder mehrere hintereinanderliegende Stationen, so wird gewöhnlich nur der eine Erdschluß abgetrennt (Beseitigung des Kurzschlußzustandes), während der andere Erdschluß weiterbestehen bleibt. Der weiterbestehende Erdschluß kann bis zur Behebung des abgeschalteten durch Erdschluß-Löschspulen, wie Petersen-Spule, Bauch-Löschtransformator usw. unschädlich gemacht werden. Vom betriebstechnischen Standpunkt aus ist die einseitige Abschaltung durchaus richtig; denn würden beide Erdschlüsse abgeschaltet, dann käme meist eine Reihe von Stationen für längere Zeit außer Betrieb. — Erdschlüsse schalten die widerstandsabhängigen Relais in Netzen ohne starre Sternpunktserdung nur dann ab, wenn die Erdschlußströme in ihrer Größenordnung ausreichen, die Relais in Tätigkeit zu setzen. In Netzen mit starrer Sternpunktserdung stellt die Erdberührung einer Phase bekanntlich einen einpoligen Kurzschluß dar (Abb. 48), der natürlich durch die Distanzrelais erfaßt wird.

## B. Anwendungsgebiete und Vorzüge der Distanzrelais.

### 1. Anwendungsgebiete.

Die Anwendung der Selektivrelais nach dem Widerstandsprinzip ist in Kabelnetzen, in Freileitungsnetzen und in gemischten Netzen am Platze:

a) bei Einfachleitungen mit wechselseitiger oder beiderseitiger Speisung (Strombelieferung), Abb. 2 und 57,

b) bei zwei oder mehreren parallelen Leitungen mit einseitiger, wechselseitiger oder beiderseitiger Speisung (Abb. 143 und 140),

c) bei Ringleitungen mit einer Stromquelle oder mit mehreren Stromquellen (Abb. 141 und 140),

d) bei vermaschten Netzen (Abb. 1 und 142).

Da Transformatoren bezüglich ihres Widerstandes wie Leitungen wirken, gelten für sie die gleichen Gesichtspunkte. Generatoren können ebenfalls mittels widerstandsabhängiger Relais gegen Kurzschluß und

Überlastung geschützt werden. Hier ist es aber angängig, die Richtungsglieder der Relais auf der Sternpunktseite der Generatoren wegzulassen[1]).

Für Stichleitungen (Einfachleitungen mit einseitiger Einspeisung) sind die billigeren Überstromrelais völlig ausreichend (Abb. 140 und 141). Sind jedoch in einer Stichleitung, die von einem mit widerstandsabhängigen Relais ausgerüsteten Netz abgeht, mehrere hintereinanderliegende Schalter mit Relais zu versehen, dann empfiehlt es sich, die ersten Schalter (vom Netz aus gesehen) gleichfalls mit widerstandsabhängigen Relais auszurüsten. Diese Maßnahme verbürgt kleine Abschaltzeiten und die Selektivität mit dem übrigen Netz. Die Überstromzeitrelais in den Stichleitungen müssen normal so eingestellt werden, daß ihre Arbeitszeit zusätzlich der Arbeitszeit des Schalters bei Kurzschluß 1,5 bis 2 Sekunden nicht überschreitet. In Netzen mit Schnelldistanzschutz gelten für die Stichleitungen die Gesichtspunkte wie in Kapitel G unter 2 angegeben.

## 2. Vorzüge.

Die Vorzüge der Distanzrelais, die schon im vorhergehenden Kapitel teilweise erwähnt sind, werden im folgenden noch einmal kurz zusammengefaßt:

a) Kurze, praktisch von der Höhe des Fehlerstromes unabhängige Ablaufzeiten (s. a. Kapitel G).

b) Beim Versagen einer Relaiseinrichtung oder eines Schalters des kranken Anlageteiles veranlassen die Relais des benachbarten gesunden Anlageteiles eine selektive Auslösung durch ihren Schalter entsprechend der Staffelzeit. Die Distanzrelais bieten also einen selektiven Reserveschutz.

c) Sammelschienen werden von den Distanzrelais selektiv mitgeschützt.

d) Ungefähre Fehlerortbestimmung auf Grund der widerstandsabhängigen Auslösezeit (s. Kapitel O).

e) Freiheit bei der Zu- und Abschaltung von Netzteilen ohne Rücksichtnahme auf die Relais, also Unabhängigkeit der Distanzrelais von der Netzgestalt.

f) Keine Hilfsleitungen zwischen den Relais der Schalter des zu schützenden Anlageteiles.

g) Auslösung durch die Distanzrelais ist auch bei betriebsmäßiger Überlastung möglich.

---

[1]) Siehe M. Walter: »Selektivschutzeinrichtungen für Hochspannungsanlagen«, Verlag R. Oldenbourg. 1929. S. 107.

Schließlich sei noch darauf hingewiesen, daß sehr oft der Zusammenschluß von Netzen und Netzteilen (vermaschte Netze, Ringleitungen und parallele Leitungen) nur nach erfolgtem Einbau von Distanzrelais möglich ist, wodurch dann gewöhnlich die Spannungsabfälle und mithin die Leitungsverluste gemindert und außerdem die Überspannungsgefahr (infolge Totlaufens der Wanderwellen in den einzelnen Ringen) herabgesetzt werden.

## C. Aufbau, Wirkungsweise und Wahl der Anregeglieder.

Das Anregeglied (Ansprechglied) eines Relais hat, wie schon im Kapitel 1 erwähnt, die Aufgabe, das Ablaufglied und zuweilen auch das Richtungsglied bei Eintritt von anormalen Betriebsverhältnissen unverzögert in Tätigkeit zu setzen und sie nach dem Verschwinden des Fehlerstromes bzw. Überstromes wieder stillzulegen. Als charakteristisch für den Eintritt eines Kurzschlusses gelten hauptsächlich folgende Erscheinungen:

a) Das Ansteigen des Stromes,

b) das Absinken der Netzspannung auf die Kurzschlußspannung,

c) das Absinken der Betriebsimpedanz auf die Kurzschlußimpedanz.

Dementsprechend werden die Anregeglieder in der Praxis als Überstrom-, als Unterspannungs- oder als Unterimpedanz-Anregeglieder ausgeführt. Sie arbeiten natürlich nicht trägheitsfrei, sondern mit einer gewissen Eigenzeit, die von verschiedenen Faktoren abhängen kann. Diese Zeit vom Eintritt eines anormalen Betriebszustandes bis zur Ingangsetzung des Relais-Ablaufgliedes heißt Anregezeit (Ansprechzeit[1])).

### 1. Überstrom-Anregeglied.

Das Überstrom-Anregeglied ist gewöhnlich ein lamelliertes Weicheisen-Magnetsystem mit Klappanker, Tauchanker oder Drehanker (Abb. 4, 5 und 6). Es besitzt eine Stromeinstellskala und kann in der Regel vom 1- bis 2 fachen Nennstrom eingestellt werden. Der Anker wird beim Erreichen bzw. Überschreiten des eingestellten Anregestromes angezogen und kehrt nach Fortfall der anormalen Betriebsverhältnisse wieder unverzüglich in seine Ruhelage zurück.

---

[1]) In der Praxis werden die Begriffe Ansprechzeit und Arbeitszeit eines Relais oft verwechselt, welcher Umstand zu Mißverständnissen führt. Unter Arbeitszeit eines Relais versteht man die Summe aus Ansprech- und Ablaufzeit, während unter Ansprechzeit lediglich die Zeit der Anregung des Relais zu verstehen ist. Bei unverzögert wirkenden Relais sind Ansprechzeit und Arbeitszeit identisch.

Das in Abb. 4 dargestellte Klappanker-Magnetsystem ist zur Verringerung des Brummens mit einem Kupferring e versehen. Dieser sog. Kurzschlußring bewirkt, daß im Luftspalt zwischen Anker a und Magnetjoch b zwei phasenverschobene Flüsse entstehen, die den periodischen Nulldurchgang der magnetischen Kraft

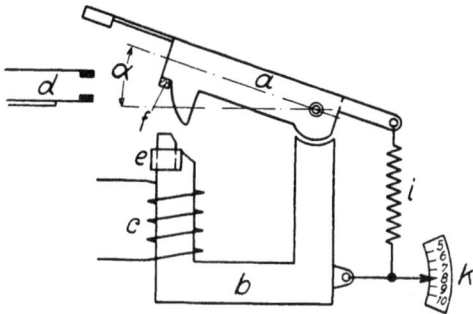

a Klappanker    f unmagnetisches
b Magnetjoch      Abstandstück
c Stromwicklung   i Rückzugfeder
d Arbeitskontakt   k Stromeinstellskala
e Kupferring     α Hubwinkel

Abb. 4. Klappanker-Magnetsystem.

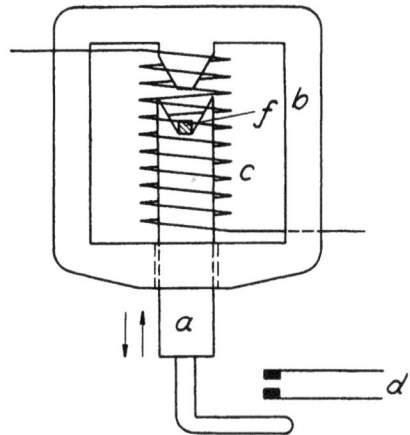

a Tauchanker    d Arbeitskontakt
b Magnetjoch    f unmagnetisches
c Stromwicklung     Abstandstück

Abb. 5. Tauchanker-Magnetsystem.

verhindern. Das unmagnetische Abstandstück f erschwert das Klebenbleiben des Ankers bei Entregung des Elektromagneten und verbessert dadurch das Halteverhältnis (s. Abschnitt 5). — Der nähere Aufbau der Tauch- und Drehanker-Magnetsysteme ist aus den Abb. 5 und 6 ersichtlich.

Die Anregeglieder können mit Ruhekontakt, mit Arbeitskontakt oder gleichzeitig mit Ruhe- und Arbeitskontakt ausgerüstet werden. Sie werden auch ohne Kontakt ausgeführt, wenn sie die Ablaufglieder mechanisch in Tätigkeit setzen.

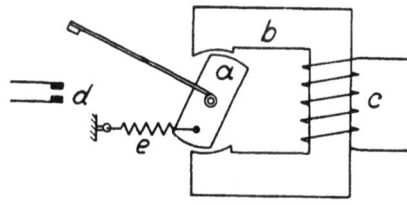

a Drehanker    d Arbeitskontakt
b Magnetjoch    e Rückzugfeder
c Stromwicklung

Abb. 6. Drehanker-Magnetsystem.

Schaltung und prinzipielle Wirkungsweise des Überstrom-Anregegliedes gehen aus der Abb. 7 hervor. Diese Abbildung zeigt von links nach rechts die Ruhekontaktschaltung, die Arbeitskontaktschaltung und ein Schema der Wirkungsweise. Die Wirkungsweise gleicht derjenigen eines Waagebalkens, auf dessen Hebelarme der Elektromagnet b und die Spiralfeder h einwirken. Wird die eingestellte Zugkraft der Feder durch die Zugkraft des Elektromagneten bei Überstrom überwunden, so kippt der Waagebalken nach der linken Seite und wirft das Ablaufglied des Distanzrelais entweder mechanisch an oder er legt es durch die

Betätigung eines Kontaktes an Spannung bzw. an einen Stromkreis (vgl. auch die Schaltungen der Abb. 78, 83 und 22).

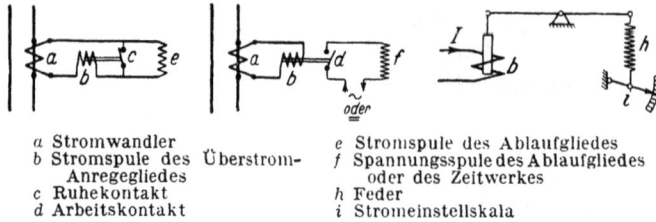

*a* Stromwandler
*b* Stromspule des Überstrom-Anregegliedes
*c* Ruhekontakt
*d* Arbeitskontakt
*e* Stromspule des Ablaufgliedes
*f* Spannungsspule des Ablaufgliedes oder des Zeitwerkes
*h* Feder
*i* Stromeinstellskala

Abb. 7. Prinzipschemata des Überstrom-Anregegliedes.

Die Anregecharakteristik ist aus Abb. 8 ersichtlich. Das Bild besagt, daß die Anregung bei allen Stromstärken von 6 A aufwärts erfolgt, und zwar unabhängig von der Höhe der Spannung. Die Schraffur (Arbeitsbereich) ist absichtlich über die Kennlinie der Nennspannung $u_n$ hinausgezogen, um anzudeuten, daß das Überstrom-Anregeglied auch bei Spannungen $u > u_n$ ansprechen kann.

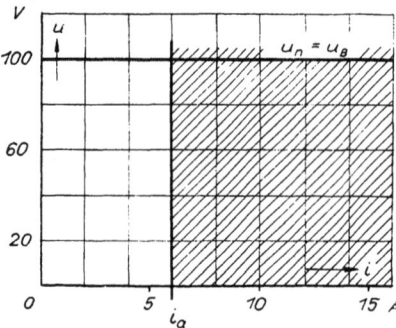

$u_n$ Nennspannung (sekundär)
$u_B$ Betriebsspannung (sekundär)
$i_a$ Ansprechstrom (sekundär)

Abb. 8. Ansprechcharakteristik eines Überstrom-Anregegliedes.

## 2. Unterspannungs-Anregeglied.

Das Unterspannungs-Anregeglied, das auch Spannungsrückgangs-Anregeglied genannt wird, hat praktisch den gleichen Aufbau wie das Überstrom-Anregeglied; nur ist bei ihm der Anker im normalen Betrieb angezogen, da seine Erregerspule dauernd an der zu überwachenden Sekundärspannung des Netzes liegt. Beim Absinken der Spannung unter den eingestellten Anregewert — gewöhnlich 70% der Nennspannung — geht der Anker zurück und betätigt unverzögert die zugehörigen Kontakte. Die Unterspannungs-Anregeglieder sind gleichfalls einstellbar und mit Skalen versehen.

In Abb. 9 ist links die Schaltung des Unterspannungs-Anregegliedes allein, in der Mitte mit einem zusätzlichen Überstrom-Anregeglied aufgezeichnet. Der Kontakt vom Spannungselement liegt in Reihe mit dem Kontakt des Stromelementes. Das Überstrom-Anregeglied ist hier mitunter erforderlich, um auch bei betriebsmäßiger Überlastung eine Anregung des Ablaufgliedes zu gewährleisten. Es besorgt ferner die Ingangsetzung des Ablaufgliedes, wenn die Spannung zwischen den kurzgeschlossenen Leitern oder zwischen einem der Leiter und Erde am Auslöseort höher ist als der eingestellte Wert des Unterspannungs-

Anregegliedes; denn dann ist der Kurzschlußstrom gewöhnlich höher als der maximale Betriebsstrom. Derartige Spannungswerte ergeben sich in Kurzschlußschleifen mit hohem Widerstand bei entsprechend hohen Kurzschlußströmen.

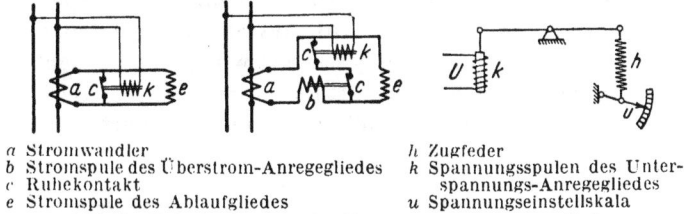

| a Stromwandler | h Zugfeder |
|---|---|
| b Stromspule des Überstrom-Anregegliedes | k Spannungsspulen des Unter- |
| c Ruhekontakt | spannungs-Anregegliedes |
| e Stromspule des Ablaufgliedes | u Spannungseinstellskala |

Abb. 9. Prinzipschemata des Unterspannungs-Anregegliedes.

In Abb. 10 ist der Ansprechbereich unter *a* für das reine Unterspannungs-Anregeglied und unter *b* für das kombinierte Spannungs-Strom-Anregeglied aufgezeichnet. Das Bild *a* besagt, daß die Anregung erst von einem bestimmten Spannungswert abwärts erfolgt ($u_a$), und zwar bei allen Stromstärken von Null A aufwärts. Aus Bild *b* geht hervor, daß die Betätigung des Ablaufgliedes von einer bestimmten einstellbaren Stromstärke aufwärts ($i_a$) auch bei voller Betriebsspannung und sogar darüber eintritt. Die Kurven gelten auch für Anregeglieder mit Arbeitskontakten, d. h. für Schaltungen, bei denen Hilfsstrom benutzt wird. Die Kontakte sind in diesem Falle parallel geschaltet.

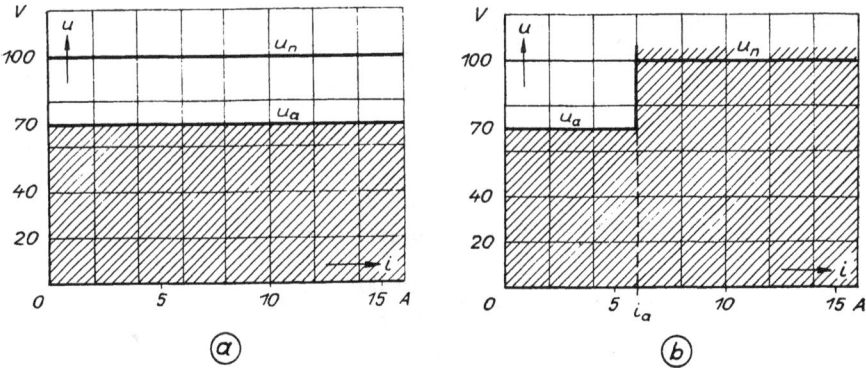

$u_n$ Nennspannung  $u_a$ eingestellte Ansprechspannung  $i_a$ eingestellter Ansprechstrom

Abb. 10. Ansprechcharakteristiken von Unterspannungs-Anregegliedern.

### 3. Unterimpedanz-Anregeglied.

Das Unterimpedanz-Anregeglied[1]) besteht im Prinzip aus einem Strom- und einem Spannungsmagneten, die gemeinsam auf ein Zwischenglied (Waagebalken, Achse) arbeiten. Die Wirkungsweise des Unter-

---

[1]) Wird zuweilen auch strom- und spannungsabhängiges Anregeglied genannt.

impedanz-Anregegliedes läßt sich sehr einfach an Hand der Ausführung nach dem Waagebalkenprinzip (Abb. 11) erklären. Im normalen Betrieb überwiegt der Einfluß der Spannungsspule $k$ und der Waagebalken ruht auf dem Anschlag $p$. Bricht die Betriebsspannung infolge einer Netzstörung zusammen, so wird der Einfluß der Spannungsspule gemindert. Die Folge ist, daß die Kraft des Strommagneten, die meistens noch durch den Kurzschlußstrom gesteigert wird, Übergewicht erhält und den Waagebalken zum Kippen bringt, wodurch die Betätigung des Ablaufgliedes mechanisch oder elektrisch herbeigeführt wird.

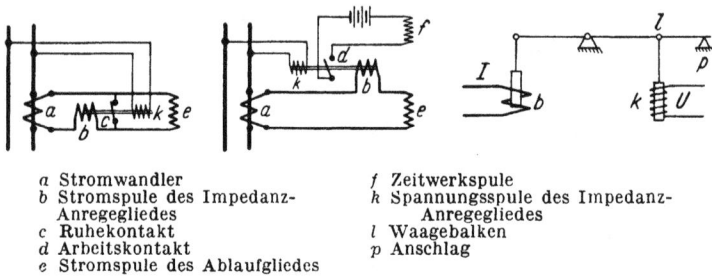

a  Stromwandler  
b  Stromspule des Impedanz-  
   Anregegliedes  
c  Ruhekontakt  
d  Arbeitskontakt  
e  Stromspule des Ablaufgliedes  

f  Zeitwerkspule  
h  Spannungsspule des Impedanz-  
   Anregegliedes  
l  Waagebalken  
p  Anschlag  

Abb. 11. Prinzipschemata des Unterimpedanz-Anregegliedes.

Die Strom- und die Spannungsspule des Unterimpedanz-Ansprechgliedes überwachen durch ihr Zusammenwirken eigentlich nichts anderes als das jeweilige Verhältnis der Betriebsspannung $U_B$ zum Betriebsstrom $I_B$, d. h. die Betriebsimpedanz

$$Z_B = \frac{U_B}{I_B} \quad \ldots \ldots \ldots \ldots \ldots \quad (2)$$

Ist z. B. die Betriebsspannung 100000 V, so beträgt die Betriebsimpedanz

$$\text{bei 200 A} \quad Z_{B_1} = \frac{100000}{200} = 500 \text{ Ohm}$$

$$\text{» 400 A} \quad Z_{B_2} = \frac{100000}{400} = 250 \quad \text{»}$$

$$\text{» 800 A} \quad Z_{B_3} = \frac{100000}{800} = 125 \quad \text{»}$$

Die Kennlinie der Betriebsimpedanz ist, wie aus dem Beispiel hervorgeht, eine gleichseitige Hyperbel, deren Asymptoten sich mit den Achsen des rechtwinkligen Koordinatensystems decken. In den Abb. 12, 14, 16 ist die Betriebsimpedanz als Kurve $z_B = f(i)$ aufgetragen, allerdings auf die Sekundärseite der Strom- und Spannungswandler bezogen[1]. Die

---

[1] Dort mit $a$ bezeichnet.

Errechnung der Sekundärimpedanz aus der Primärimpedanz ist im Kapitel F behandelt.

Als Kriterium für den Eintritt von anormalen Netzverhältnissen, z. B. eines Kurzschlusses, gilt hier der Zusammenbruch der Betriebsimpedanz $Z_B$ auf die Kurzschlußimpedanz $Z_K$. Ein Kurzschluß schließt sozusagen einen Teil der Betriebsimpedanz kurz. Die Kurzschlußimpedanz ist für eine bestimmte Leitungsstrecke am kleinsten bei sattem Kurzschluß. Sie stimmt in diesem Falle mit der reinen Leitungsimpedanz überein. In Höchstspannungs-Freileitungsnetzen kann sie aber bei schwacher Netzbelastung und entsprechend kleinem Maschineneinsatz infolge eines hohen Lichtbogen- oder hohen Erdübergangswiderstandes zwischen den Elektroden der Fehlerstelle stark von der Leitungsimpedanz abweichen, d. h. beträchtlich größere Werte annehmen.

Damit die Unterimpedanz-Anregeglieder auch bei sehr hohen Kurzschlußimpedanzwerten die Ablaufglieder anregen können, legt man ihre Ansprechkennlinien entweder überhaupt für hohe Impedanzwerte aus, oder man paßt deren Verlauf dem Verlauf der Betriebsimpedanzkennlinien unter Einhaltung eines gewissen Abstandes an. Im folgenden werden kurz drei Wege gezeigt, die mit mehr oder weniger Erfolg zum Ziel führen.

### a) Unterimpedanz-Anregecharakteristik als Gerade.

Das vorstehend beschriebene Unterimpedanz-Anregeglied nach Abb. 11 kippt, wenn die Bedingung für die gegebene Einstellung

$$\frac{u}{i} \leq z_i \quad \dots \dots \dots \dots \quad (3)$$

erfüllt ist. $z_i$ ist derjenige Impedanzwert, bei dem sich das Waagebalkensystem im Gleichgewicht befindet bzw. gerade schon kippen kann. Im Gleichgewichtszustand muß das Drehmoment des Spannungsmagneten

$$D_1 = c_1\,u^2$$

gleich sein dem Drehmoment des Strommagneten

$$D_2 = c_2\,i^2,$$

also:

$$c_1\,u^2 = c_2\,i^2.$$

Hieraus ergibt sich, daß

$$\frac{u^2}{i^2} = \frac{c_2}{c_1}$$

oder

$$\frac{u}{i} = z_i = \sqrt{\frac{c_2}{c_1}} \quad \dots \dots \dots \quad (4)$$

ist. $c_1$ und $c_2$ sind Konstanten, durch deren Veränderung verschiedene Werte von $z_i$ eingestellt werden können.

Die vorstehende Ableitung gilt eigentlich nur für ein Waagebalken-system, das sich im strom- und spannungslosen Zustand ($i = 0$ und $u = 0$) in der Gleichgewichtslage befindet. Gibt man jedoch einem solchen System ein Vormoment ($k$) derart, daß der Gleichgewichtszu-stand erst bei der Bedingung $i > 0$ und $u = 0$ eintritt, wie es die Praxis meist verlangt, so gilt folgende Momentengleichung:

$$c_1 u^2 - c_2 i^2 + k = 0,$$
$$c_1 u^2 = c_2 i^2 - k,$$
$$\frac{u^2}{i^2} = \frac{c_2 i^2 - k}{c_1 i^2}$$

oder

$$z_2 = \frac{u}{i} = \sqrt{\frac{c_2}{c_1} - \frac{k}{c_1 i^2}}. \quad \ldots \ldots \ldots (4a)$$

Setzt man das Vormoment $k = 0$, so kommen wir wieder auf Be-dingungen, denen die Formel (4) entspricht. Wie sich das Glied $\frac{k}{c_1 i^2}$ auf die Form der Ansprechkurve auswirkt, wird weiter unten besprochen.

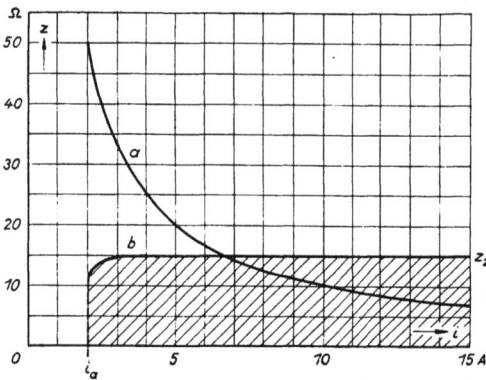

Die Darstellung in Kur-ven ergibt folgendes Bild: Die Betriebsimpedanz $a$ ist, wie schon oben ausge-führt, eine gleichseitige Hy-perbel, wenn ihre Auftragung nach $z_B = f(i)$ bei $u = \mathrm{const}$ erfolgt (Abb. 12). Die An-sprechimpedanz $b$ als Funktion des Stromes ist eine Gerade und hat in der Dar-stellung einen Wert von $z_2 = 15$ Ohm. Am Anfang, d. h. zwischen 2 und 3 A, weicht sie von einer Geraden ab, bedingt durch den Ein-

$a$ Betriebsimpedanz   $z_2$ Anrege-Impedanzwert
$b$ Ansprechimpedanz   $i_a$ kleinster Ansprechstrom
Abb. 12. Unterimpedanz-Ansprechcharakteristik als Gerade (stromunabhängig).

fluß des Gliedes $\frac{k}{c_1 i^2}$ der Formel (4a). Alle Werte von $u$, $i$ und $z$ beziehen sich dabei auf die Sekundärseite der Strom- und Spannungs-wandler. Der Kipp-Impedanzwert $z_2 = 15 \,\Omega$ entspricht einer Leitungs-länge von etwa 200 km[1]), obwohl die Entfernungen von Station zu Station höchstens 50 km betragen. Der hohe Ansprechwert enthält also eine Reserve für etwaige große Fehlerwiderstände. Die schraffierte

---

[1]) Die Betriebsspannung des Netzes sei hierbei 50 kV, der Leiterquerschnitt 70 mm² Cu, das Übersetzungsverhältnis der Stromwandler 200/5 und das der Spannungswandler 50000/100, siehe Kapitel F.

Fläche bedeutet den Arbeitsbereich des Anregegliedes. $i_a$ ist der kleinste Strom, bei dem eine Anregung bei vorgenommener Einstellung erfolgt. Ist $i_a$ klein, so folgt aus Gleichung (4a), daß der Kipp-Impedanzwert bei dieser Stromstärke auch klein wird, was in der Krümmung der Ansprechkennlinie $b$ am Anfang zum Ausdruck kommt. Die Darstellung der Ansprechkennlinie in Abb. 19 ($i = f(u)$) veranschaulicht die Bedingungen des Kippens eines Waagebalkensystems mit Vormoment noch deutlicher.

Die Einstellung des erforderlichen Kippwertes $z_2'$ kann durch Veränderung der Windungszahl am Strom- und Spannungsmagneten bewerkstelligt werden. Am Strommagneten wird die Anregestromstärke durch Shunts oder Spulenanzapfung verändert, die Anregespannung am Spannungsmagneten bzw. im Spannungskreis dagegen durch Vorwiderstände, Anzapfung der Spannungsspule oder durch anzapfbare Spannungswandler.

Die horizontale Anregekennlinie $b$ in Abb. 12 hat den Nachteil, daß sie die Kennlinie der Betriebsimpedanz $a$ schon bei etwa 6,5 A schneidet, d. h. daß das Relais schon bei verhältnismäßig kleinen betriebsmäßigen Überlastungen trotz voller Nennspannung auslösen kann. Soll bei voller Betriebsspannung eine Auslösung erst bei zweifachem Nennstrom erfolgen, wie es bei Doppelleitungen manchmal gewünscht wird, so muß der Ansprechwert auf etwa 10 $\Omega$ herabgesetzt werden. Dadurch kann aber die Anregung bei hohen Kurzschluß-Impedanzwerten, wie sie z. B. bei Lichtbogen- oder Erdkurzschlüssen vorkommen, unter Umständen unsicher werden.

### b) Unterimpedanz-Anregecharakteristik als gleichseitige Hyperbel.

Als Beispiel eines Anregegliedes, dessen Kennlinie den Charakter einer gleichseitigen Hyperbel hat, sei das in Abb. 13 dargestellte strom- und spannungsabhängige Anregeglied näher betrachtet. Die Kontakte des Strom- und Spannungselementes liegen zur Stromspule des Ablaufgliedes $e$ parallel. Das Spannungselement $n$ und das Stromelement $m$ öffnen nacheinander unverzögert ihre Kontakte $c$, wenn die Betriebsspannung auf oder unter die eingestellte Ansprechspannung $u_a$ sinkt bzw. wenn die eingestellte Stromstärke $i_a$ erreicht wird, vgl. auch Abb. 14, rechts oben. Das Ablaufglied wird also nur dann in Tätigkeit gesetzt, wenn beide Ruhekontakte $c$ offen sind, d. h. wenn Strom- und Spannungselement angesprochen

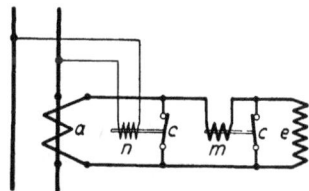

$a$ Stromwandler
$c$ Ruhekontakte
$e$ Stromspule des Ablaufgliedes
$n$ Spannungselement
$m$ Stromelement
Abb. 13. Prinzipschaltbild eines strom- und spannungsabhängigen Anregegliedes zur Erzielung einer Unterimpedanz-Ansprechkennlinie hyperbelförmiger Art.

haben. Zum gleichen Ergebnis führt auch die Lösung nach Abb. 15, bei der die Arbeitskontakte in Reihe liegen.

Im normalen Betrieb ist, wie schon ausgeführt,

$$u = u_B = \text{const.}; \text{ also}$$

oder

$$
\left.
\begin{array}{l}
i \cdot z = u_B \\[2mm]
z_B = z = \dfrac{u_B}{i}
\end{array}
\right\}
\begin{array}{l}
\text{Hyperbel} \\
\text{mit dem} \\
\text{Parameter } u_B.
\end{array}
$$

Bei Störung ist

$$u < u_B.$$

Das Spannungselement $n$ in Abb. 13 soll seinen Kontakt $c$ erst von $u_a$ abwärts öffnen (Abb. 14); $u_a$ ist der obere Grenzwert, d. h. das Spannungselement $n$ spricht an, wenn

$$u < u_a$$

oder wenn

$$i \cdot z < u_a,$$

d. h. von

$$z_a = \frac{u_a}{i} \quad \ldots \ldots \ldots \ldots (5)$$

ab. $z_a$ bedeutet die Anregeimpedanz. Die letzte Beziehung ist eine gleichseitige Hyperbel mit $u_a$ als Parameter. Gibt man dem Parameter $u_a$ verschiedene Spannungswerte, so erhält man eine Hyperbelschar.

Das linke Bild der Abb. 14 zeigt die Charakteristik des Anregegliedes als $z = f(i)$, das Bild rechts oben als $u = f(i)$. Die karierte Fläche bedeutet den Ansprechbereich. Die hier erläuterte Anregecharakteristik unterscheidet sich von der eines Unterspannungs-Anregegliedes nach Abb. 10 dadurch, daß bei ihr die Anregung erst von einer bestimmten einstellbaren Stromstärke ($i_a$) ab erfolgt. Die

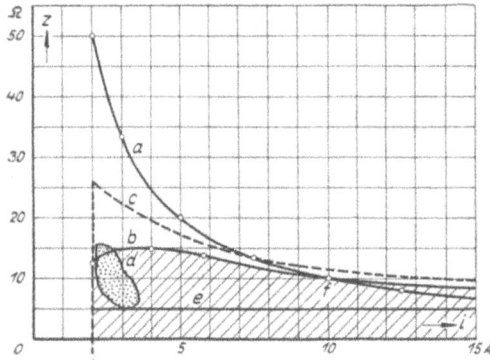

a Betriebsimpedanzkennlinie
b Ansprechimpedanzkennlinie
$i_a$ kleinster Ansprechstrom
$u_B$ Betriebsspannung
$u_a$ größte Ansprechspannung

Abb. 14. Unterimpedanz-Ansprechcharakteristik als gleichseitige Hyperbel (stromabhängig).

Ansprechcharakteristik eines reinen Unterspannungs-Anregegliedes (Abb. 10a) ist also, wenn man sie als $z = f(i)$ bei $u = $ const aufträgt, auch eine gleichseitige Hyperbel. Die Ansprechcharakteristik nach Abb. 10b hat bei Auftragung als $z = f(i)$ bis zur Ansprechstromstärke $i_a$

den gleichen Verlauf, von $i_a$ aufwärts geht sie sprunghaft auf die Betriebsimpedanz über.

Hat die Ansprechkennlinie den Charakter einer gleichseitigen Hyperbel (Abb. 14), so wird das Unterimpedanz-Anregeglied bei betriebsmäßiger Überlastung und bei Kurzschlüssen mit voller Betriebsspannung am Einbauort der Distanzrelais das Ablaufglied überhaupt nicht erregen. Ansprechkennlinien nach einer gleichseitigen Hyperbel sind daher für manche Netze erwünscht, für andere dagegen von Nachteil.

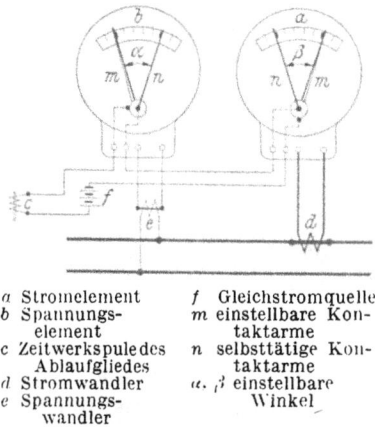

a Stromelement
b Spannungselement
c Zeitwerkspule des Ablaufgliedes
d Stromwandler
e Spannungswandler
f Gleichstromquelle
m einstellbare Kontaktarme
n selbsttätige Kontaktarme
α, β einstellbare Winkel

Abb. 15. Prinzipbild eines Unterimpedanz-Anregegliedes zur Erzielung einer Ansprechkennlinie hyperbelförmiger Art.

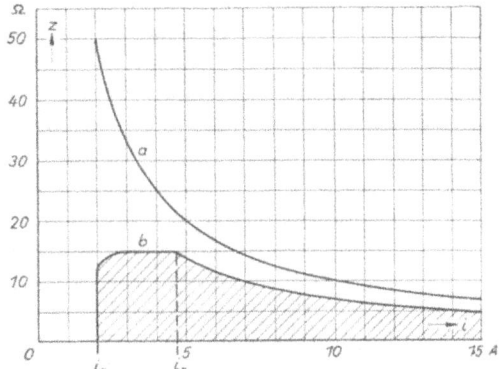

a Betriebsimpedanzkennlinie
b Ansprechimpedanzkennlinie
$i_a$ kleinster Ansprechstrom
$i_n$ Stromstärke, bei der die Feder d (Abb. 17) gereckt wird

Abb. 16. Unterimpedanz-Ansprechcharakteristik, aus Gerade und Hyperbel zusammengesetzt (begrenztstromabhängig).

c) Kombinierte Unterimpedanz-Anregecharakteristiken.

Werden die zwei besprochenen Unterimpedanz-Anregeverfahren kombiniert, so erhält man eine Ansprechkennlinie gemäß Abb. 16. An Hand der Konstruktion des Anregegliedes nach Abb. 17 soll gezeigt werden, wie eine derartige Anregecharakteristik erzielt wird. Verbindet man entgegen der Konstruktion nach Abb. 11 den Strommagneten $a$ mit dem Waagebalken $c$ über eine Spiralfeder $d$ (elastische Kupplung), die erst von einer bestimmten Stromstärke, etwa $i_n = 4{,}7$ A ab bis zum Anschlag $e$ gestreckt wird, so erhält man für Ströme von $i_a = 2$ A bis $i_n = 4{,}7$ A eine horizontale Anregecharakteristik, wenn man von der Anfangskrümmung absieht. Sie entspricht der Beziehung

$$\frac{u}{i} < z_2'$$

in der $z_2' = 15\ \Omega$ ist.

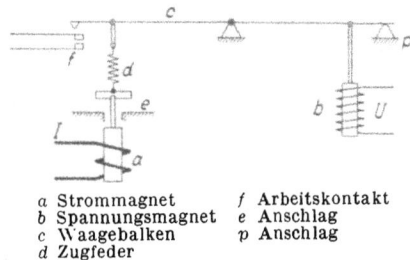

a Strommagnet
b Spannungsmagnet
c Waagebalken
d Zugfeder
f Arbeitskontakt
e Anschlag
p Anschlag

Abb. 17. Prinzipbild des Unterimpedanz-Anregegliedes mit elastischer Kupplung zur Erzielung einer Ansprechkennlinie nach Abb. 16.

Bei Strömen

$$i > i_n$$

und Spannungen

$$u < u_a,$$

wobei $u_a$ wieder die oberste Ansprechspannung von etwa 70 V bezeichnet, ergibt sich eine gleichseitige Hyperbel mit dem Parameter $u_a$

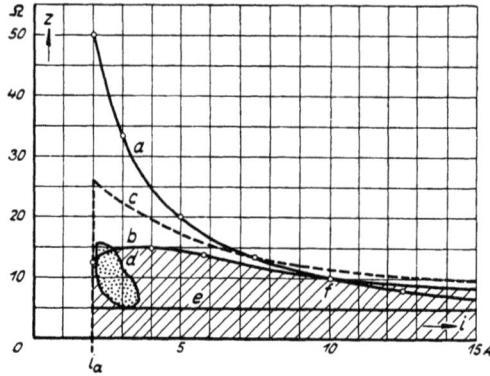

$$i \cdot z = u_a,$$

$$z = \frac{u_a}{i}.$$

a Betriebsimpedanz für konstante Spannung
b Ansprechimpedanzkennlinie
c Abfallimpedanzkennlinie
d Lichtbogenwiderstand
e Leitungsimpedanz für eine bestimmte Leitungsstrecke
f Ansprechpunkt bei voller Betriebsspannung
$i_a$ kleinster Ansprechstrom

Abb. 18. Kennlinien $z = f(i)$ für Unterimpedanz-Anregeglieder

Die schraffierte Fläche bedeutet den Betätigungsbereich des Anregegliedes.

Setzt man

$$i_a = i_n = 2 \text{ A},$$

so geht die Anregecharakteristik gemäß Abb. 16 in eine Anregecharakteristik nach Abb. 14 über. Durch konstruktive Maßnahmen am Anregeglied kann eine solche Charakteristik in eine Charakteristik nach Abb. 18 umgewandelt werden, die die Kennlinie der Betriebsimpedanz a an irgendeinem Punkt (f) schneidet. Von der diesem Punkt entsprechenden Stromstärke, z. B. vom zweifachen Nennstrom ab, tritt das Anregeglied trotz voller Betriebsspannung in Tätigkeit. Diese Wirkungsweise ist zuweilen erwünscht, um in Kurzschlußschleifen mit hohen Impedanzwerten bei Überströmen von einem bestimmten Wert an eine Auslösung zu erhalten. Bei wichtigen Doppelleitungen wird man mit Rücksicht auf den möglichen Ausfall einer Leitung das Ansprechen der Relais bei voller Betriebsspannung erst über dem zweifachen Nennstrom zulassen.

Auch hier bedeutet die schraffierte Fläche den Ansprechbereich des Anregegliedes. Durch Anzapfen der Spannungsspule oder durch Ändern der Feder d kann die Ansprechkennlinie gegen die Kennlinie der Betriebsimpedanz in weiten Grenzen verschoben werden. Die Kennlinie c gibt an, bei welchen Impedanzwerten das Anregeglied in Abhängigkeit von der Stromstärke in seine Ruhelange zurückkehrt. Diese Kennlinie heißt Abfallkennlinie.

In Abb. 19 ist eine abweichende Darstellungsweise der Charakteristik eines Unterimpedanz-Anregegliedes gezeigt. a bedeutet die Ansprech-, *b* die Abfallkennlinie. Beide zusammen kennzeichnen das Verhalten des Anregegliedes bei verschiedenen Strömen und Spannungen. Die Schraffur bedeutet den Anregebereich.

Es bleibt dem Betriebs- und dem Projekteningenieur überlassen, aus einer der drei Arten von Ansprechkennlinien der Abb. 12, 14 und 18 die günstigste Unterimpedanz-Anrege-charakteristik für das gegebene Netz auszuwählen.

Die Spannungsspulen der Unterimpedanz-Anregeglieder werden entweder an die verkettete Spannung oder an die Sternspannung gelegt. Im zweiten Fall werden sie bei Netzen mit nicht kurz geerdetem Systemnullpunkt zu einem System in Stern geschaltet, dessen Nullpunkt mit dem des Spannungswandlers (Erdungsdrossel) aber nicht verbunden wird. Würde man diese Sternpunkte miteinander verbinden, so könnten die

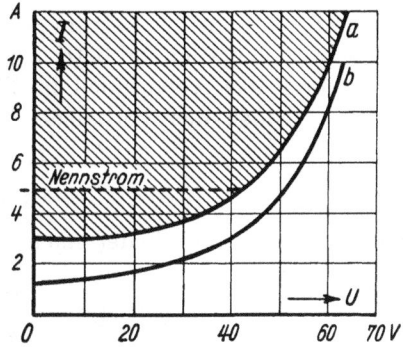

*a* Ansprechkennlinie *b* Abfallkennlinie
Abb. 19. Ansprech- und Abfallkennlinien
$i = f$ (u) eines Unterimpedanz-Anregegliedes.

Anregeglieder bei Erdschluß infolge des Zusammenbruches einer Sternspannung die Ablaufglieder in Tätigkeit setzen und dadurch eine Auslösung veranlassen.

### 4. Unterreaktanz-Anregeglied.

Unterreaktanz-Anregeglieder werden nicht ausgeführt, da die Größe der Betriebsreaktanz

$$\frac{U_B \cdot \sin \varphi}{I_B} = X_B \ldots \ldots \ldots \ldots (6)$$

nicht nur von der Betriebsspannung und dem Betriebsstrom, sondern auch von der jeweiligen Phasenverschiebung zwischen Strom und Spannung während des Betriebes beeinflußt wird. Die Betriebsreaktanz ergibt deshalb in der Darstellung keine Kennlinie, sondern eine Fläche; sie ist aus diesem Grunde als Ausgangsmerkmal nicht geeignet. Dasselbe gilt mehr oder minder für jedes winkelabhängige Anregeglied.

### 5. Gesichtspunkte für die Wahl der Anregeglieder.

Für die Wahl des Anregegliedes müssen die Netzverhältnisse, insbesondere der maximale Betriebsstrom $I_{B \, max}$ und der minimale Kurzschlußstrom $I_{K \, min}$ der zu schützenden Anlageteile bekannt sein. Den minimalen Kurzschlußstrom ermittelt man für eine Stelle des Netzes, die die größte Impedanz bis zur Stromquelle aufweist, und zwar unter Voraussetzung des geringsten Maschineneinsatzes. Die Werte des maximalen Betriebsstromes erhält man gewöhnlich von der Betriebsleitung des betreffenden Werkes.

Ist in den Anlageteilen eines Netzes das Verhältnis

$$\frac{I_{K\,\text{min}}}{I_{B\,\text{max}}} > 1, \quad\cdots\cdots\cdots\cdots (7)$$

so wird man dem Überstrom-Anregeglied den Vorzug geben, da es sehr einfach ist und auch bei betriebsmäßiger Überlastung je nach der Stromeinstellung das Ablaufglied in Tätigkeit setzt.

Ist jedoch das Verhältnis

$$\frac{I_{K\,\text{min}}}{I_{B\,\text{max}}} < 1, \quad\cdots\cdots\cdots\cdots (8)$$

so sind die Anregeglieder nach dem Unterimpedanz- oder dem Unterspannungsprinzip am Platze. — In Kabel- und Freileitungsnetzen bis zu 30 kV sind die Kurzschlußströme fast immer größer als der größte Betriebsstrom, so daß für diese das einfachere Anregeglied nach dem Überstromprinzip vorzuziehen ist. Dem Überstrom-Anregeglied wird man in Kabelnetzen auch aus Gründen der thermischen Sicherheit den Vorzug geben, da es ja auch auf betriebsmäßige Überlastungen reagiert.

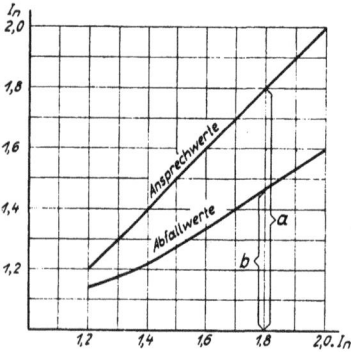

Abb. 20. Ansprech- und Abfallkennlinien eines Klappanker-Magnetsystems (Überstrom-Anregegliedes).

Für die Arbeitsweise der Anregeglieder ist ihr Halteverhältnis von Bedeutung. Unter Halteverhältnis versteht man den Quotienten aus Ansprechwert $a$ und Abfallwert $b$ bei einer bestimmten Einstellung (Abb. 20)

$$\mu = \frac{a}{b} > 1. \quad\cdots\cdots\cdots\cdots (9)$$

Das Halteverhältnis $\mu$ beträgt bei den üblichen Überstrom-Anregegliedern 1,05 bis 1,25. Das kleinere Halteverhältnis trifft für tiefe, das größere für höhere Stromeinstellwerte zu (Abb. 20). In jüngster Zeit werden auch Überstrom-Anregeglieder ausgeführt, bei denen das Halteverhältnis für alle Stromstärken sehr klein und praktisch gleich groß ist ($\mu = 1,05$). Ihr Nachteil ist jedoch meist der, daß sie kleine Drehmomente erzeugen und daher nur schwache Kontakte betätigen können.

Beim Unterimpedanz-Anregeglied liegen die Verhältnisse etwas anders. Hier sind die Ansprechwerte (Impedanzwerte) kleiner als die

entsprechenden Abfallwerte (vgl. $b$ und $c$ in Abb. 18), so daß das Halteverhältnis

$$\mu = \frac{b}{c} < 1 \quad \ldots \ldots \ldots \ldots \quad (10)$$

ist. Das Halteverhältnis $\mu$ nimmt mit wachsendem Strom zu und entspricht damit den Anforderungen der Praxis. Hat die Ansprechkennlinie den Verlauf einer Hyperbel (Abb. 14), so folgt die Abfallkennlinie ihrem Zug mit etwas höheren Impedanzwerten. Das Halteverr-
hältnis ist relativ groß und für alle Impedanzwerte nahezu konstant. —
Bei den Unterspannungs-Anregegliedern liegen die Verhältnisse ähnlich.

## D. Aufbau und Wirkungsweise der Ablaufglieder. Wahl der Schutzart (Impedanz-, Reaktanz- oder Resistanzschutz).

Das Ablaufglied eines Relais oder einer Relaiseinrichtung ist derjenige Teil, der die Ablaufzeit des Schutzsystems bestimmt. Wie schon
eingangs erwähnt, kann die Laufzeit des Ablaufgliedes je nach Art der
Ausführung von der Impedanz, von der Reaktanz oder von der
Resistanz des zu schützenden Anlageteiles abhängig gemacht werden.

### 1. Impedanz-Ablaufglied.

Das Impedanz-Ablaufglied wird von den betreffenden Herstellerfirmen in stark voneinander abweichender Bauart ausgeführt[1]). Es ist
unter den widerstandsabhängigen Ablaufgliedern als erstes auf den
Markt gekommen und hat die weitaus größte Verbreitung gefunden.
Das Zusammenwirken der Strom- und Spannungselemente erfolgt bei
einigen Ausführungen mechanisch mittels Hebelübertragung, bei
anderen elektromagnetisch derart, daß für die Regelung der Ablaufzeit der Scheinwiderstand des Schützlings zur Wirkung kommt.
Die Gleichung für die Ablaufzeit in Abhängigkeit vom Scheinwiderstand (impedanzabhängige Laufzeit der Relais) lautet
ganz allgemein:

$$t = \tau \cdot \frac{u}{i} = \tau \cdot z_2. \quad \ldots \ldots \ldots \quad (11)$$

Hierin bedeuten:

$t$   Ablaufzeit in Sekunden,
$\tau$   Relaiskonstante in $s/\Omega$,
$u$   Sekundärspannung in V,
$i$   Sekundärstrom in A,
$z_2$   Sekundärimpedanz in Ohm, d. h. die auf der Sekundärseite
     der Strom- und Spannungswandler zu messende Impedanz.

---

[1]) Siehe die Sonderhefte der Firmen: AEG, BBC, Siemens, Vickers, Westinghouse & Co. usw.

Die vorstehende Beziehung — vgl. auch die Formel (43) — trifft nur für reine Impedanz-Ablaufglieder zu. Sind Strom- und Spannungssystem magnetisch gekoppelt, so wird die Ablaufzeit durch den Phasenwinkel zwischen Strom und Spannung in gewissem Maße beeinflußt.

Zur näheren Erläuterung der Arbeitsweise des Impedanz-Ablaufgliedes seien zunächst Teilglieder und Kinematik (Abb. 21) eines der bekanntesten Impedanzrelais beschrieben (Abb. 110). Das Zusammenarbeiten der Strom-, Spannungs- und Richtungselemente erfolgt bei diesem Relais auf rein mechanischem Wege.

Das Spannungselement stellt ein kräftiges Weicheisen-Voltmeter dar, das auf seiner

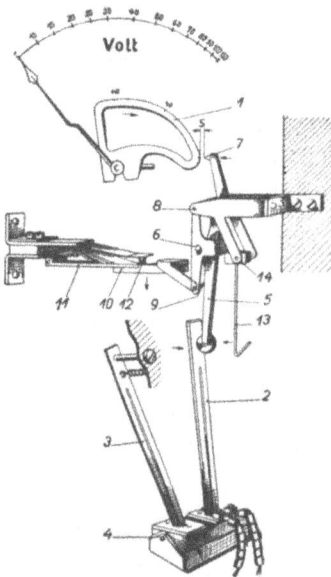

a  Stromwandler
b  Spannungswandler
c  Überstrom-Anregeglied
d  Stromwandler (Heizwandler)
e  Energierichtungsglied
f  Bimetallstreifen
g  Ruhekontakt
h  Auslösemagnet
r  Vorwiderstand
V  Voltmeter
k  Stromklemmen
m  Spannungsklemmen
n  Auslöseklemmen

Abb. 21.  Kinematik des Impedanz-
Ablaufgliedes vom N-Relais (AEG).

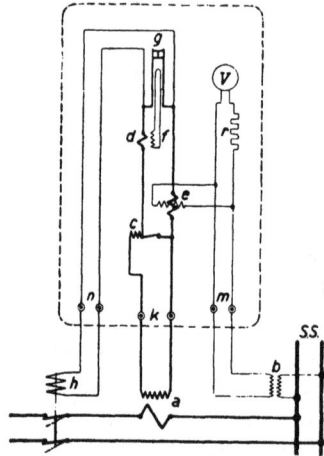

Abb. 22. Schaltung des N-Relais
(Wandlerstromauslösung).

Achse die Kurvenscheibe *1* trägt. Diese ist so ausgebildet, daß sie bei 110 V (Nennspannung) den größten und bei Null Volt den kleinsten Abstand *s* von dem Prisma *7* bildet. Im störungsfreien Betrieb liegt das Voltmeter an der vollen verketteten Spannung, etwa an 110 V. Im Kurzschlußfalle geht es auf einen niedrigeren Spannungswert zurück, wodurch der Abstand *s* entsprechend kleiner wird.

Das Stromelement besteht aus dem schleifenförmigen Bimetallstreifen *2* und einem gleichfalls im Relais untergebrachten kleinen Stromwandler (Heizwandler), der den Bimetallstreifen speist (vgl. auch Abb. 22). Um im Fehlerfalle von der Vorgeschichte der Netzbelastung frei zu sein, ist im normalen Betrieb der kleine Stromwandler mit dem Bimetallstreifen 2 durch einen kräftigen Bürstenkontakt überbrückt. Die Überbrückung wird nur bei Kurzschluß oder Überlastung durch das Anregeglied des Relais aufgehoben. Der Bimetallstreifen 3 dient lediglich zur Kompensierung des Einflusses der Außentemperatur, indem er bei wechselnder Temperatur durch entsprechende Drehung der Achse 4 den Streifen 2 stets in der gleichen Lage festhält.

Das Richtungsglied ist ein eisengeschirmtes Dynamometer, das im nächsten Kapitel näher erläutert wird.

Das Zusammenwirken dieser drei Elemente vollzieht sich folgendermaßen: Bei Kurzschluß stellt sich das Voltmeter mit der Kurvenscheibe 1 auf den jeweiligen Spannungswert zwischen den kurzgeschlossenen Phasen ein. Gleichzeitig bewegt sich der Bimetallstreifen 2 in Richtung des Pfeiles nach rechts und nimmt den Doppelarmhebel 5, der sich zunächst um die Achse 6 dreht, mit, bis das Prisma 7 auf die Kurvenscheibe 1 auftrifft. Beim weiteren Vorwärtsbewegen des Bimetallstreifens dreht sich dann das ganze Hebelsystem um die festgelagerte Achse 8, bis die Kontakthälfte 11 an der Stelle 9 entklinkt wird. Dadurch werden beide Kontakthälften geöffnet (oder geschlossen) und die Auslösung eingeleitet. Der Auslösekontakt 11/12 wird entweder als Ruhe- oder als Arbeitskontakt ausgeführt, je nachdem ob Wandler- oder Gleichstromauslösung in Frage kommt (vgl. Kapitel L).

Die Sperrung bzw. Freigabe der Auslösung erfolgt durch ein Richtungsglied nach dem elektrodynamischen Prinzip (Abb. 30). Fließt die Fehlerenergie über das Richtungsglied nach der zugehörigen Sammelschiene, so sperrt es die Auslösung, indem es mit einer Gabel, die im Bild zu sehen ist, in den Hebel 13 (Abb. 21) eingreift und den Verblocker 14 gegen den Rücken des Auslösehebels 5 bewegt. Ist die Energie von der Sammelschiene weggerichtet, so wird der Hebel 13 mit dem Verblocker 14 durch das Richtungsglied in entgegengesetzter Richtung gedreht (Freigabe der Auslösung). Bei Spannung Null Volt befindet sich das Richtungsglied mit dem Verblocker in der neutralen Lage, in welcher die Auslösung ebenfalls freigegeben ist.

Die Ablaufzeit des Impedanzgliedes (Strom- und Spannungselement) ist um so kürzer, je größer der Strom und je kleiner die Spannung ist. Beträgt beispielsweise der Abstand $s$ rd. 3 mm, entsprechend einer Spannung von 30 V, so wird dieser Weg von dem System Bimetallstreifen 2-Doppelarmhebel 5 bei großen Strömen infolge höherer Ausbiegungsgeschwindigkeit des Streifens schneller zurückgelegt als bei kleinen. Setzt man dagegen den Strom als konstant voraus und variiert nur die Spannung, d. h. den Abstand $s$, so werden die Ablaufzeiten bei den hohen Spannungswerten größer als bei den niedrigen, denn der Bimetallstreifen hat dann bei der gleichen Ausbiegungsgeschwindigkeit größere Wege zurückzulegen.

Durch entsprechende Formgebung der Kurvenscheibe und zweck-
mäßige Bemessung des kleinen Stromwandlers und des Bimetallstreifens
kann die Charakteristik des Relais (vgl. die Kennlinien in Abb. 50) in
weiten Grenzen geändert werden. Die Arbeitszeit des beschriebenen Impedanzrelais wird durch die Zeitgleichung (43) zum Ausdruck gebracht.

Ein weiteres Impedanz-Ablaufglied, jedoch nach dem Induktionsprinzip, sei nachstehend besprochen
(Abb. 23). Es handelt sich um das
Ablaufglied des Siemens-Impedanzrelais (Abb. 112). Die nicht kreisrunde
Ferrarisscheibe $c$ wird von je einem
Strom- und Spannungstriebsystem ($a$
und $b$) beeinflußt, wobei die Drehmomente beider Triebkerne einander
entgegengerichtet sind. Die Ferrarisscheibe ist zwecks Vermeidung der
gegenseitigen elektrodynamischen Be-
einflussung der Scheibenströme durch
Schlitze $h$ aufgeteilt. Diese Maßnahme
verbürgt die Unabhängigkeit der Ablaufzeit vom jeweiligen Phasenwinkel
zwischen Kurzschlußstrom und -span-
nung. Da die Scheibe selbst ohne
Richtkraft ist, dreht sie sich bei Erregung beider Triebsysteme so lange
nach rechts (bei großen Impedanzwerten) oder links (bei kleinen Impe-
danzwerten), bis Gleichgewicht der beiden Drehmomente erreicht ist.

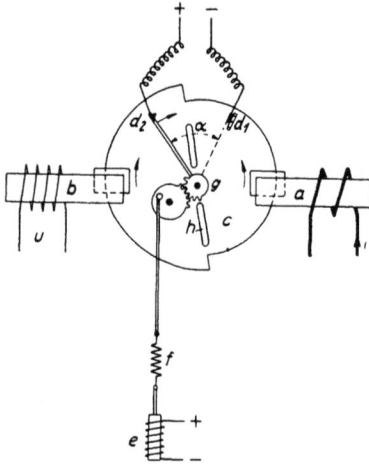

a Stromtriebsystem
b Spannungtriebsystem
c Ferrarisscheibe
d₁ u. d₂ Kontakthälften
e Zeitwerkspule

$f$ Zugfeder
$g$ Zeitwerk
$h$ Schlitze
$\alpha$ Winkel zwischen
den Kontakthälften

Abb. 23. Prinzipbild eines Impedanz-
Ablaufgliedes nach dem Induktionsver-
fahren (Siemens).

Dieses Gleichgewicht wird für verschiedene Verhältnisse $\dfrac{u}{i}$ in bestimmter
Winkellage durch die Kurvenform der Scheibe erreicht. Jeder Gleichgewichtslage der Scheibe entspricht daher ein bestimmter Impedanzwert

$$\frac{u}{i} = z_2.$$

Auf der Scheibe selbst ist eine Kontakthälfte $d_1$ befestigt. Die andere
Kontakthälfte $d_2$ wird von einem Zeitwerk, dessen Erregerspule $e$
im Störungsfalle vom Anregeglied des Relais an Gleichspannung gelegt
wird, über das Getriebe $g$ mit konstanter Geschwindigkeit in Richtung
auf die erste Kontakthälfte $d_1$ zu bewegt. Bei Kontaktgabe erfolgt die
Auslösung des zu steuernden Hochspannungsschalters, wenn das zugehörige Richtungsglied auf Freigabe steht (s. a. Abb. 3). Da die beiden
Kontakthälften sich um die gleiche Achse drehen, so ist die Laufzeit
bis zum Schließen des Auslösekreises proportional dem Winkel $\alpha$.

Das vom Spannungstriebkern erzeugte Drehmoment

$$D_1 = c_1 \cdot u^2 = f_1(\alpha) \cdot u^2$$

wirkt dem durch den Stromtriebkern hervorgerufenen Drehmoment

$$D_2 = c_2 \cdot i^2 = f_2(\alpha) \cdot i^2$$

entgegen. $c_1$ und $c_2$ sind veränderliche Funktionen des Einstellwinkels $\alpha$.

Bei Gleichgewicht ist

$$D_1 = D_2;$$
$$f_1(\alpha) \cdot u^2 = f_2(\alpha) \cdot i^2$$

oder

$$\frac{u^2}{i^2} = \frac{f_2(\alpha)}{f_1(\alpha)}.$$

Hieraus ergibt sich für die zu messende Impedanz $z_2$ folgende Beziehung:

$$z_2 = \frac{u}{i} = \sqrt{\frac{f_2(\alpha)}{f_1(\alpha)}} = f(\alpha) = k_1 \cdot \alpha. \quad\ldots\ldots\ldots (12)$$

Andererseits ist, wie bereits erwähnt, auch die Laufzeit dem Winkel $\alpha$ proportional:

$$t = k_2 \cdot \alpha. \quad\ldots\ldots\ldots\ldots\ldots (13)$$

$k_1$ und $k_2$ sind Konstanten. Aus den Beziehungen (12) und (13) erhält man nun die bekannte Gleichung (11) für die Relaislaufzeit in Abhängigkeit vom Scheinwiderstand:

$$t = \frac{k_2}{k_1} \cdot z_2$$

oder

$$t = \tau \cdot z_2.$$

Die widerstandsabhängige Laufzeit $t$ kann durch die Kurvenform der Scheibe verändert werden, was in der vorerwähnten Zeitgleichung durch den Faktor $\tau$ zum Ausdruck kommt. Über den Faktor $\tau$ wird weiter unten noch ausführlich berichtet.

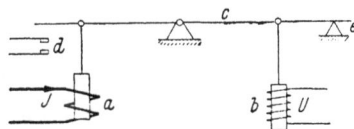

a Stromglied    d Arbeitskontakt
b Spannungsglied  e Anschlag
c Waagebalken

Abb. 24. Meßglied nach dem elektromagnetischen Verfahren (Waagebalken-Relais nach K. Kuhlmann, DRP. 214164 vom 23. April 1908).

Das Zusammenarbeiten des hier beschriebenen Induktionsablaufgliedes mit dem Anrege- und dem Richtungsglied geht aus der Abb. 3 hervor.

Es gibt ferner Impedanz-Ablaufglieder, die gleichzeitig auch die Funktion des Anregegliedes übernehmen können. Sie finden beim sog. Schnellimpedanzschutz Verwendung, der von mehreren Firmen ausgeführt wird. Es handelt sich hierbei um Kipprelais, auch Balancerelais genannt, deren Aufbau aus Abb. 24

hervorgeht und deren Wirkungsweise teils schon im Kapitel C unter 3
beschrieben ist. Die Kipprelais überwachen die Betriebsimpedanz

$$\frac{U_B}{I_B} = Z_B \text{ (primär)}$$

bzw.

$$\frac{u_B}{i_B} = z_B \text{ (sekundär)}$$

und betätigen den Auslösekreis meist unverzögert, wenn infolge anormaler Betriebsverhältnisse ein bestimmter eingestellter Kippwert $z_2$
unterschritten wird. Das Belancerelais wird also kippen, wenn

$$\frac{u}{i} < z_2. \quad \dots \dots \dots \dots \dots \quad (14)$$

Dieser Kippwert entspricht dem Impedanzwert einer bestimmten Teil-
länge der zu schützenden Leitung. Ist an einem solchen Kipprelais die
Differenz der Drehmomente

$$k_1 \cdot u^2 - k_2 \cdot i^2 = 0;$$
$$k_1 \cdot u^2 = k_2 \cdot i^2,$$

so folgt, wie schon in Kapitel C ausgeführt, daß

$$\frac{u}{i} = \sqrt{\frac{k_2}{k_1}} = z_2, \quad \dots \dots \dots \dots \quad (15)$$

wobei $z_2$ den Kipp-Impedanzwert darstellt. Falls das Kipprelais auf der
Spannungsseite ein Vormoment aufweist, so gilt für den Kipp-Impedanzwert die Formel (4a). Über die Anwendung derartiger Kipprelais
wird im Kapitel G unter 2 Näheres berichtet.

## 2. Reaktanz-Ablaufglied.

Das Reaktanz-Ablaufglied kann nach dem elektrodynamischen,
nach dem elektromagnetischen oder nach dem Induktions-Prinzip ausgeführt werden. Seine Ablaufzeit wird durch den Blindwiderstand der
Kurzschlußschleife bestimmt. Die Zeitgleichung lautet dementsprechend

$$t = \tau \cdot \frac{u}{i} \cdot \sin \varphi = \tau \cdot z_2 \cdot \sin \varphi = \tau \cdot x_2. \quad \dots \dots \quad (16)$$

Bei einer bekannten Relaisausführung — BBC-Distanzrelais
(Abb. 111) — besteht das Ablaufglied aus einem Reaktanzmesser
und einem Zeitwerk, die beide durch das Anregeglied in Gang gesetzt
werden. Der Reaktanzmesser stellt sich nach erfolgter Erregung seiner
Strom- und Spannungsspulen auf den jeweiligen Wert des Blindwiderstandes der zugehörigen Leitungsschleife ein, während das Zeitwerk mit

konstanter Geschwindigkeit sein Übertragungsglied (Hebel) dem Gegen-
glied des Reaktanzmessers (kurvenförmige Scheibe) nähert (Abb. 25).
Durch die Berührung der beiden Glieder wird der Auslösekreis mittel-
bar geschlossen. Der Reaktanzmesser selbst ist richtungsabhängig.
Die Relaiszeitkennlinien haben stetigen Verlauf (vgl. Abb. 52).

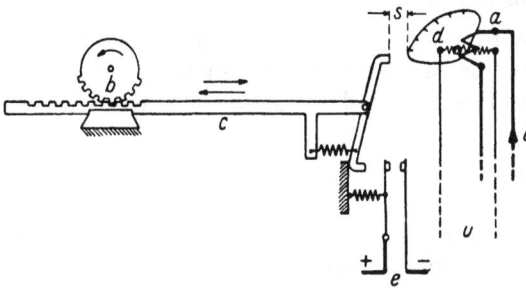

<table>
<tr><td>

a Reaktanzmesser<br>
b Zeitwerk<br>
c Hebel<br>
d Kurvenscheibe

</td><td>

e Arbeitskontakt zum<br>
  Auslösekreis<br>
s Luftspalt

</td></tr>
</table>

Abb. 25. Prinzipschema eines Reaktanz-
Ablaufgliedes (BBC).

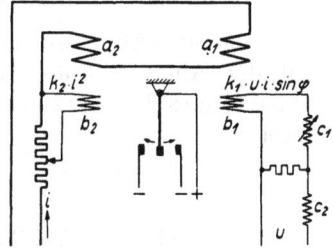

$a_1$ und $a_2$ feststehende Stromspulen
$b_1$ bewegliche Spannungsspule
$b_2$ bewegliche Stromspule
$c_1$ regelbare Drosselspule
$c_2$ feste Vorschaltdrosselspule
Abb. 26. Prinzipbild eines Reaktanz-
Meßgliedes nach dem elektrodynamischen Verfahren (Compagnie des
Compteurs).

Bei anderen Ausführungen von **Reaktanz-Ablaufgliedern**
(Siemens, Compagnie des Compteurs, General Electric Co.), die allerdings
meist nach dem Kippverfahren arbeiten, besteht das Meßsystem aus
einem Blindleistungsmesser und einem Strommesser, die auf eine gemeinsame Achse gegeneinander arbeiten (Abb. 26).

Das Drehmoment des Blind-
leistungssystems sei

$$D_1 = k_1 \cdot u \cdot i \cdot \sin \varphi$$

und das des Stromsystems

$$D_2 = k_2 \cdot i^2.$$

Im Gleichgewichtszustande ist

$$D_1 = D_2$$

oder

$$k_1 \cdot u \cdot i \cdot \sin \varphi = k_2 \cdot i^2.$$

Abb. 27. Prinzipbild eines begrenzt abhängigen
Reaktanz-Meßgliedes (Westinghouse). Siehe auch
das entsprechende Diagramm in Abb. 60.

Der entsprechende Meßkippwert ist
dann:

$$\frac{u \cdot i \cdot \sin \varphi}{i^2} = \frac{u \cdot \sin \varphi}{i} = z_2 \cdot \sin \varphi = \frac{k_2}{k_1} = x_2 \quad \ldots \quad (17)$$

Das Meßglied kippt, wenn der Reaktanzwert $x_2$ erreicht oder unterschritten ist. Die Auslösung wird durch ein getrenntes Richtungsglied
gesperrt oder freigegeben (vgl. a. Abb. 3). Weitere Ausführungen über
derartige Meßglieder siehe im Kapitel G unter 2.

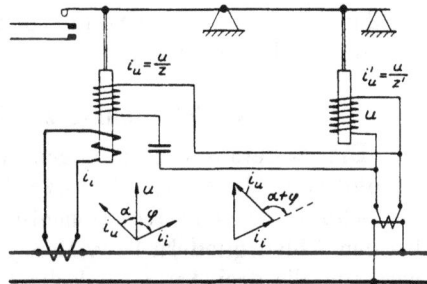

Es gibt auch begrenzt-reaktanzabhängige Meßglieder, die elektromagnetisch nach dem Waagebalkenprinzip arbeiten (Westinghouse & Co., AEG). Abb. 27 bringt eine derartige Ausführung, auf die aber hier aus Raummangel nicht näher eingegangen werden kann.

### 3. Resistanz-Ablaufglied.

Resistanz-Ablaufglieder werden nur selten ausgeführt. Bei ihnen liegt der Ablaufzeit als wählendes Merkmal die Wirkkomponente des Widerstandes der Kurzschlußschleife zugrunde (BBC). Die Zeitgleichung lautet hier

$$t = \tau \cdot \frac{u}{i} \cos \varphi = \tau \cdot z_2 \cdot \cos \varphi = \tau \cdot r_2 \quad \ldots \ldots \quad (18)$$

Das Prinzipschema Abb. 25 gilt auch für das Resistanz-Ablaufglied, nur kommt an Stelle des Reaktanzmessers ein Resistanzmesser in Betracht.

Die Praxis kennt auch Ablaufglieder, deren Laufzeit der Gesetzmäßigkeit

$$t = \tau \cdot \frac{u}{i} \cdot \frac{1}{\cos \varphi} = \tau \cdot z_2 \cdot \frac{1}{\cos \varphi} = \tau \cdot \frac{z_2}{\cos \varphi} =$$

$$= \tau \cdot \frac{z_2}{\dfrac{r_2}{z_2}} = \tau \cdot \frac{z_2{}^2}{r_2} = \tau \cdot \frac{r_2{}^2 + x_2{}^2}{r_2} \quad \ldots \ldots \ldots \quad (19)$$

entspricht und die ein Mittelding zwischen Reaktanz- und Resistanzablaufgliedern darstellen (AEG). Sie können jedoch hier übergangen werden, nachdem die Grundformen der Ablaufglieder schon ausführlich besprochen wurden.

### 4. Gesichtspunkte zur Wahl des Schutzsystems.

Die widerstandsabhängigen Relais werden in der Praxis kurz Impedanzrelais, Reaktanzrelais oder Resistanzrelais genannt, je nachdem, welche Komponente des Widerstandes der Stromschleife bei den Ablaufgliedern bzw. Meßsystemen zur Wirkung kommt. Häufig wird für alle drei Arten auch die Bezeichnung Distanzrelais benutzt.

Langjährige Erfahrungen zeigen, daß man mit Impedanzrelais praktisch in allen Fällen, auch bei den schwierigsten Verhältnissen, mit gutem Erfolg zurechtkommt. Sie sind einfach aufgebaut und ergeben übersichtliche Innen- und Außenschaltungen. Sie lassen sich sowohl in Kabel- als auch in Freileitungsnetzen, ferner in gemischten Netzen, d. h. in Netzen mit galvanisch verbundenen Kabeln und Freileitungen, ohne weiteres verwenden. Da ihre Arbeitsweise und ihre Ablaufzeit vom Phasenwinkel zwischen Kurzschlußstrom und Kurzschlußspannung unabhängig (oder praktisch unabhängig) sind, arbeiten sie auch einwandfrei, wenn in Kabeln und Freileitungen Kurzschlußdrosselspulen, also konzentrierte Induktivitäten, eingebaut sind oder nachträglich eingebaut werden. Gewisse Schwierigkeiten treten in Freileitungsnetzen über 40 kV auf, in denen die Scheinwiderstände der Kurzschlußschleifen (in einzelnen Leitungsstrecken, für die die Impedanzrelais ausgelegt sind) durch Lichtbogenwiderstände übermäßig anwachsen können. Dadurch werden in unerwünschter Weise auch die Auslösezeiten der Relais vergrößert. Die Lichtbogenwiderstände erscheinen bekanntlich im Scheinwiderstand als additives Glied zur Wirkkomponente (vgl. Abb. 28).

Der Lichtbogenwiderstand weist selbst in 100-kV-Freileitungsnetzen noch verhältnismäßig kleine Werte auf, wenn der Maschineneinsatz so groß ist, daß er dem Lichtbogen einen Kurzschlußstrom von etwa 200 A zuführen kann. Bei kleineren Strömen nimmt der Widerstand stark zu (s. a. Kapitel N unter 2). In diesen Fällen verwendet man zweckmäßig Schnellimpedanzrelais, die durch ihr schnelles Auslösen das Anwachsen des Lichtbogenwiderstandes verhindern

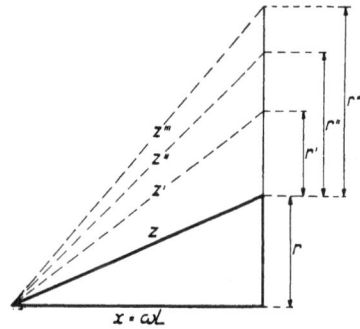

Abb. 28. Einfluß des Lichtbogenwiderstandes ($r'$, $r''$, $r'''$) auf den Scheinwiderstand der Kurzschlußschleife: Relais-Leiter-Lichtbogen-Leiter-Relais.

bzw. durch Schnellmessung den allmählich auftretenden Einfluß des Lichtbogenwiderstandes unwirksam machen. Die gewöhnlichen Impedanzrelais mit stetigem Zeitkennlinienverlauf sind für Höchstspannungsnetze zuweilen auch geeignet, wenn sie keine stark stromabhängigen oder steil verlaufenden Zeitkennlinien aufweisen, so daß die Ablaufzeit nicht zu hoch und die Selektivität nicht gefährdet werden kann. Ferner verwendet man mit gutem Erfolg auch Reaktanzrelais, bei denen, wie schon ausgeführt, nur der induktive Widerstand zur Geltung kommt. Auch Distanzrelais mit einer Ablaufzeit nach der Beziehung

$$t = \tau \cdot z_2 \cdot \frac{1}{\cos \varphi}$$

können in einem bestimmten einstellbaren Bereich innerhalb des Arbeitsgebietes den Einfluß des Lichtbogenwiderstandes durch eine geeignete $\cos \varphi$-Abhängigkeit eliminieren. — Weitere Ausführungen bezüglich der Distanzrelais für Höchstspannungsnetze siehe in den Kapiteln G unter 2, H unter 3 und N unter 3.

Reaktanzrelais haben im Vergleich mit den Impedanzrelais einen wesentlich beschränkteren Verwendungsbereich. In Kabelnetzen lassen sie sich wegen der verschwindend geringen Reaktanz der Kabel nicht verwenden. In Netzen mit galvanisch verbundenen Kabeln und Freileitungen ist ihre Verwendung noch weniger am Platze, denn hier macht sich außer der an sich niedrigeren Reaktanz der Kabel noch die Tatsache sehr ungünstig bemerkbar, daß die induktiven Widerstände bei Kabeln und Freileitungen von ganz verschiedener Größenordnung sind. Dazu sind in der Regel die Kabelstrecken kürzer als die Freileitungsstrecken. In solchen Fällen lassen sich ausreichende Staffelzeiten[1]) von Schalter zu Schalter mitunter überhaupt nicht erzielen. Die Reaktanzrelais eignen sich somit nur für reine Freileitungsnetze.

Das Bedürfnis für derartige Relais hat sich in Höchstspannungs-Freileitungsnetzen ergeben, bei denen bekanntlich die Kurzschlußströme kleiner und die Lichtbogenwiderstände höher als in Mittelspannungsnetzen ausfallen. Diese Tatsachen treffen besonders für solche Höchstspannungsnetze zu, bei denen die Stromversorgung zur Zeit der Schwachlast (nachts und Sonntags) durch kleine Maschineneinsätze aufrechterhalten wird. Zum Schutze solcher Netze wurden die Reaktanzrelais ursprünglich (1928) auch entwickelt.

Resistanzrelais werden, soweit der Verfasser unterrichtet ist, bisher nur von einer Firma (BBC) hergestellt. Ihr Verwendungsbereich ist gleichfalls sehr beschränkt, da der Wirkwiderstand der einzelnen Anlageteile eines Netzes wie Freileitungen, Kabel, Transformatoren, Kabel mit Reaktanzspulen, in der Größenordnung sehr verschieden ist; ferner, da Lichtbogen- und Erdübergangswiderstände den Wirkwiderstand der Kurzschlußschleifen algebraisch vergrößern und dadurch erheblich längere Abschaltzeiten verursachen. Aus diesen Gründen kann man wohl annehmen, daß die Resistanzrelais schwer in den Netzen Eingang finden werden, höchstens in Kabelnetzen.

Bei der Auswahl des Schutzsystems muß natürlich auch die Wertigkeit des zu schützenden Netzes berücksichtigt werden. Näheres hierüber siehe im Kapitel H.

## E. Aufbau und Wirkungsweise der Richtungsglieder.

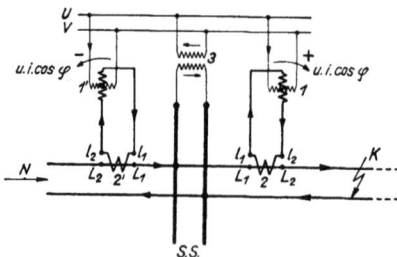

1 u. 1' Richtungsglieder
2 u. 2' Stromwandler
3 Spannungswandler
S. S. Sammelschiene
K Kurzschluß
N Fehlerenergie
+ Freigabe der Auslösung
— Sperrung der Auslösung

Abb. 29. Schematische Darstellung des Anschlusses von Richtungsgliedern in einphasiger Ausführung.

Das Richtungsglied eines widerstandsabhängigen Relais ist derjenige Teil, der infolge seines wattmetrischen Aufbaues in Abhängigkeit von der Energierichtung arbeitet und die Auslösung bzw. die Kontaktbetätigung des Ablaufgliedes nur bei einer bestimmten Richtung der Fehlerenergie freigibt. Wie bekannt, dürfen bei Kurz-

[1]) Unter Staffelzeit versteht man den Unterschied zwischen den Auslösezeiten hintereinanderliegender Relais.

schluß und Doppelerdschluß nur diejenigen Richtungsglieder die Auslösung freigeben, über welche die Fehlerenergie von den Sammelschienen wegfließt. Richtungsglieder, über welche die Fehlerenergie nach den Sammelschienen hinfließt, sollen die Auslösung verhindern. In Abb. 3 schiebt zu diesem Zweck das Richtungsglied c das Isolierplättchen f zwischen die Kontakthälften g des Ablaufgliedes b. Abb. 29 veranschaulicht im Prinzip die Wirkungsweise und Schaltung der Richtungsglieder für einen Knotenpunkt.

## 1. Aufbau.

Die Freigabe sowie die Sperrung der Auslösung kann auf mechanischem Wege — hierzu zählt auch die in Abb. 3 angedeutete Einrichtung — oder auf elektrischem Wege erfolgen. Die rein elektrische Steuerung wird wenig benutzt, da die unmittelbare Kontaktgabe durch die Richtungsglieder bei satten Kurzschlüssen in der Nähe der Sammelschienen unter Umständen unsicher werden kann. Die

1 zwei bewegliche Spannungswicklungen (Drehspulen)
2 zwei feststehende Stromwick-
lungen (Feldspulen)
Abb. 30. Einpoliges dynamo-
metrisches Energierichtungsglied
des N-Relais (Eisenschirm ist
abgenommen).

Abb. 31. Dreipoliges dynamometri-
sches Energierichtungsrelais von
Siemens.

Sicherheit der elektrischen Steuerung kann man allerdings wirksam heraufsetzen, wenn Zwischenrelais zur Erhöhung der Schaltleistung benutzt werden. Dadurch ergeben sich jedoch kompliziertere Schaltungen und Relais.

Die Richtungsglieder der widerstandsabhängigen Relais arbeiten nach dem Induktionsprinzip, nach dem elektrodynamischen oder nach dem elektromagnetischen Prinzip. Sie werden vorzugsweise einpolig gebaut. Einige Firmen führen sie als selbständige Glieder aus (AEG[1])

[1] Bei dem unter der Bezeichnung N-Relais bekannten Impedanzrelais, das früher von der Dr. Paul Meyer A.G. hergestellt und vertrieben wurde; neuerdings auch bei den Schnelldistanzrelais.

und Westinghouse), andere dagegen vereinigen sie mit den Ablaufgliedern (AEG und BBC). Von Siemens werden im Gegensatz hierzu manchmal für jeden Satz widerstandsabhängiger Relais zwei- oder dreipolige Richtungsrelais benutzt, deren einzelne Richtungselemente mechanisch gekuppelt sind[1]). Die Abb. 30 und 31 zeigen getrennt ausgeführte Richtungsglieder nach dem elektrodynamischen Prinzip.

## 2. Schaltungsarten.

Der Anschluß der Richtungsglieder erfolgt meist nach der 30⁰-Schaltung. Bei dieser Schaltung werden den Richtungsgliedern die Pha-

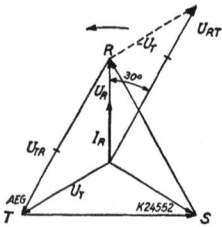

Abb. 32. Vektordiagramm für den Anschluß von Richtungsgliedern.
(Der Winkel zwischen Phasenstrom $I_R$ und Phasenspannung $U_R$ ist hier gleich Null, dagegen zwischen Phasenstrom $I_R$ bzw. Phasenspannung $U_R$ und verketteter Spannung $U_{RT}$ gleich 30⁰. Die Vektorlage entspricht induktionsfreier symmetrischer Belastung.)

senströme und die verketteten Spannungen so zugeführt, daß bei einem Winkel $\varphi = 0^0$ zwischen Phasenstrom und zugehöriger Phasenspannung des zu schützenden Anlageteiles (induktionsfreie Belastung) im Relais der Stromvektor dem Vektor der zugeordneten verketteten Spannung bei dreipoligem Kurzschluß um 30⁰ voreilt (s. Abb. 32). (Hierbei wird bei den dynamometrischen Richtungsgliedern Phasengleichheit des Stromes in der Drehspule mit der Spannung angenommen. Bei den Richtungsgliedern nach dem Induktionsprinzip wird vorausgesetzt, daß der Strom im Spannungspfad der aufgedrückten Spannung um 90⁰ nacheilt. Näheres hierüber ist in der Literatur über elektrische Meßinstrumente zu finden.) Die verkettete Spannung zwischen den Phasen $R$ und $T$ wird an die Spannungspule des Richtungsgliedes so angelegt, daß der Vektor $U_{RT}$ als die vektorielle Differenz der Sternspannungen $U_R$ und $U_T$ im Relais zur Wirkung kommt. $U_{RT}$ und $I_R$ ergeben zusammen eine positive Leistung. Die Richtungsglieder werden also von vornherein kapazitiv geschaltet. Dadurch wird erreicht, daß bei dreipoligem Kurzschluß trotz großer induktiver Phasenverschiebungen, wie sie beispielsweise bei Kurzschlüssen hinter Reaktanzspulen und Transformatoren oder bei Kurzschlüssen in Freileitungen mit geringem Wirkwiderstand vorkommen, immer noch ein genügendes Drehmoment zustande kommt, zum mindesten 50% vom maximalen Drehmoment.

In Abb. 33 und 34 ist die mögliche gegenseitige Lage der Vektoren für den drei- und zweipoligen Kurzschluß angedeutet. Der Vektor der verketteten Spannung $U_{RT}$ liegt fest, der Vektor des Phasenstromes $I_R$ kann hingegen zwischen $a$ und $b$ wandern. Ist die Belastung bei dreipoligem Kurzschluß induktionsfrei, so eilt der Stromvektor $I_R$ dem

[1]) J. Sorge, Siemens-Z. Bd. 7 (1927) S. 785.

Spannungsvektor $U_{RT}$ um 30⁰ vor (Abb. 33). Ist die Belastung hingegen rein induktiv, so eilt der Stromvektor $I_R$ dem Spannungsvektor $U_{RT}$ um 60⁰ nach. Die induktive Phasenverschiebung zwischen Strom und Spannung an den Klemmen der Relais kann bei dieser Schaltung im Falle eines dreipoligen Kurzschlusses also theoretisch höchstens einen Winkel von 60⁰ annehmen (cos 60⁰ = 0,5). Praktisch ist jedoch der Winkel $\varphi$ immer kleiner als 60⁰, da der Wirkwiderstand auch einer Kurzschluß-Drosselspule niemals den Wert Null aufweist; überdies tritt außer dem Gleichstromwiderstand der Leiter der Drosselspule noch ein zusätzlicher Verlustwiderstand auf, der durch die starke Stromverdrängung hervorgerufen wird. Ferner ist die Widerstandszunahme infolge der Erwärmung der Spule zu berücksichtigen und endlich der Übergangs-

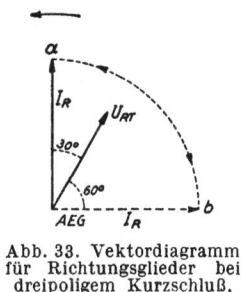

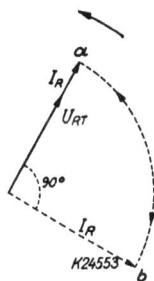

Abb. 33. Vektordiagramm für Richtungsglieder bei dreipoligem Kurzschluß.

Abb. 34. Vektordiagramm für Richtungsglieder bei zweipoligem Kurzschluß.

(Die Lage der ausgezogenen Stromvektoren $I_R$ in Abb. 33 und 34 zur verketteten Spannung $U_{RT}$ entspricht induktionsfreier Belastung.)

widerstand an der Kurzschlußstelle, der gleichfalls einen Wirkwiderstand darstellt. Dasselbe trifft entsprechend auch für Transformatoren zu.

Bei zweipoligem Kurzschluß ist die 30⁰-Schaltung nicht mehr so günstig, da in diesem Kurzschlußfalle der Strom von der verketteten Spannung getrieben wird[1]) und der Impedanzwinkel des zu schützenden Anlageteils theoretisch ganz zur Wirkung kommen kann, d. h. der Stromvektor $I_R$ dem Spannungsvektor $U_{RT}$ um 90⁰ nacheilen kann ($b$), siehe Abb. 34. In der Praxis dürfte der Winkel aus den erwähnten Gründen jedoch kaum 85⁰ erreichen, insbesondere wenn man noch berücksichtigt, daß der Fehlwinkel der Stromwandler bei der üblichen induktiven Bürde (cos $\beta > 0,5$) im Überstrombereich fast immer positiv ist (vgl. a. Abb. 67). Das in diesem Absatz Ausgesagte gilt entsprechend auch für die Schleife Leiter—Erde bei Doppelerdschluß[2]). Der Winkel zwischen Phasenstrom und Spannung gegen Erde wird bei dieser Fehlerart infolge des Einflusses des Erdübergangswiderstandes wohl meist noch wesentlich kleiner als 85⁰.

---

[1]) Bei dreipoligem Kurzschluß wird der Strom von der Sternspannung getrieben. Näheres hierüber siehe in Kapitel F.

[2]) S. a. Kapitel F.

Es gibt natürlich noch andere Schaltungen für Richtungsglieder bzw. Richtungsrelais[1]). Diese unterscheiden sich von der oben beschriebenen im wesentlichen dadurch, daß die Spannungspulen der Richtungsglieder bei Kurzschluß statt an eine verkettete Spannung an eine Sternspannung gelegt werden, die entweder von der gleichen Phase wie der Strom in der Stromspule (0⁰-Schaltung) herrührt oder der dem Strom in der Stromspule im Sinne der Drehfeldrichtung vorausgehenden Phase entnommen wird (60⁰-Schaltung). Bei der ersteren Schaltung würden z. B. $I_R$ und $U_R$, bei der letzteren $I_R$ und $-U_T$ zusammengehören (vgl. Abb. 32). Solche Schaltungen sind besonders für kurzgeerdete Netze zweckmäßig. Man verwendet sie gelegentlich auch in Netzen mit ungeerdetem Systemnullpunkt.

Man könnte annehmen, daß die 60⁰-Schaltung, bei der $I_R$ und $-U_T$ zusammenwirken, in Freileitungen bei dreipoligem Kurzschluß immer ein besseres Drehmoment als die 30⁰-Schaltung ergeben würde, da die Impedanzwinkel der Freileitungen mit starken Leiterquerschnitten Werte bis zu 70⁰ aufweisen. Bei derartig großen Impedanzwinkeln sind dann $I_R$ und $-U_T$ nur wenig phasenverschoben. Solch große Winkel treffen aber lediglich für metallische Kurzschlüsse, keineswegs für Lichtbogenkurzschlüsse zu, die gerade in Freileitungsnetzen weitaus in der Mehrzahl sind. Des weiteren ist zu beachten, daß der Lichtbogenwiderstand die Phasenverschiebung zwischen Strom und Spannung dann besonders stark verkleinert, wenn der Kurzschluß in der Nähe einer Station, also an exponierter Stelle, auftritt. Dann übersteigt nämlich der Wirkwiderstand der Kurzschlußschleife den Blindwiderstand wesentlich. Hieraus ist zu schließen, daß die 60⁰-Schaltung der 30⁰-Schaltung auch in Freileitungsnetzen nicht vorzuziehen ist.

Ergänzend zu den Betrachtungen sei noch bemerkt, daß in Kabeln ganz allgemein der Impedanzwinkel unter gleichen Voraussetzungen, z. B. bei metallischem Kurzschluß, bei gleichem Leiterquerschnitt und gleichem Leitermaterial, viel kleiner ist als in Freileitungen, da die Selbstinduktion der Kabel sehr gering ist. Selbst bei einem Drehstromkabel in H-Ausführung für 70 kV Nennspannung mit einem Leiterquerschnitt von 50 mm² Cu kommt der Impedanzwinkel erst in die Nähe von 24⁰, was aus der nachstehenden Beziehung deutlich hervorgeht und in Abb. 35 graphisch dargestellt ist:

$$\operatorname{tg} \varphi = \frac{x}{r} = \frac{0,16}{0,38} = 0,42,$$

$$\sphericalangle \varphi \approx 24^0.$$

Bei einem Drehstromkabel in H-Ausführung mit gleichem Querschnitt,

---

[1]) Richtungsrelais unterscheiden sich von Richtungsgliedern durch die ihnen eigene Kontakteinrichtung.

jedoch für eine Nennspannung von 25 kV, erreicht der Impedanzwinkel nur 18⁰.

In Freileitungen weist der Impedanzwinkel für 50-mm²-Kupferseile bei einer mittleren Reaktanz je Phase von 0,4 $\Omega$/km einen Wert von etwa 49⁰ auf. Für 120-mm²-Kupferseile beträgt der Impedanzwinkel bei gleicher Reaktanz je km und Phase schon etwa 70⁰. Diese Werte treffen natürlich nur für metallischen Kurzschluß zu. In der Praxis erfolgen die Kurzschlüsse in Freileitungsnetzen, wie schon erwähnt, jedoch meist über Lichtbogen; dadurch wird der Impedanzwinkel verkleinert.

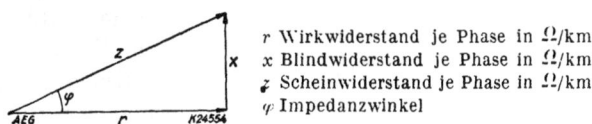

$r$ Wirkwiderstand je Phase in $\Omega$/km
$x$ Blindwiderstand je Phase in $\Omega$/km
$z$ Scheinwiderstand je Phase in $\Omega$/km
$\varphi$ Impedanzwinkel

Abb. 35. Widerstandsdreieck eines H-Kabels für 70 kV Nennspannung, Leiterquerschnitt 50 mm² Cu, Frequenz 50 Hz.

Die Spannungspulen der Richtungsglieder bzw. Ablaufglieder werden bei zwei- und dreipoligen Kurzschlüssen gewöhnlich an die verkettete Spannung, bei Doppelerdschluß und einpoligem Kurzschluß an die zugehörige Spannung gegen Erde gelegt[1]). Die Umschaltung von der verketteten Spannung auf die Spannung gegen Erde und umgekehrt erfolgt entweder durch die Ansprechglieder der widerstandsabhängigen Relais oder durch besondere Hilfsrelais, die von der Nullpunktspannung oder vom Summenstrom erregt werden[1]).

Die vollständige Schaltung der Richtungsglieder bzw. Distanzrelais für einen Drehstromabzweig ist z. B. aus Abb. 93 ersichtlich. Es handelt sich dort um die 30⁰-Schaltung, bei der — wie bei jeder anderen wattmetrischen Schaltung — der Drehsinn des Drehfeldes zu berücksichtigen ist.

### 3. Eigenschaften.

Die Richtungsglieder können nur dann wirkungsvoll nach der einen oder anderen Seite ausschlagen, d. h. die Auslösung freigeben oder verriegeln, wenn die ihnen zugeführte Leistung für die Erzeugung des erforderlichen Drehmomentes ausreichend ist. Dieses Drehmoment dient als Kriterium für die Empfindlichkeit der Richtungsglieder. In der Praxis wird die Richtungsempfindlichkeit teils durch die minimale Wirkleistung (1 bis 5 W), teils durch die kleinsten Spannungswerte (0,2 bis 0,5 V), die zur Steuerung der Richtungsglieder bei einer bestimmten Stromstärke notwendig sind, ausgedrückt.

Es würde zu weit führen, im Rahmen dieses Kapitels die Eigenschaften aller Richtungsgliedertypen zu erörtern. Im folgenden werden

---

[1]) S. a. Kapitel F und K.

daher nur die charakteristischen Daten eines einpoligen Richtungsgliedes ausführlich gebracht, zumal über zwei- und dreipolige Richtungsglieder in dem unter Fußnote 1 auf S. 38 angezogenen Aufsatz eine genauere
Beschreibung enthalten ist. Außerdem führen sich die einpoligen Richtungsglieder bei den Distanzrelais immer mehr ein.

Bei den meisten auf dem Markt befindlichen widerstandsabhängigen
Relais ist die zur Sperrung der Auslösung erforderliche Richtungsempfindlichkeit, bezogen auf die Leistung bzw. auf die wirksame Spannung an den Klemmen der Spannungspule des Richtungsgliedes, in gewissen Grenzen von der Größe des Stromes in der Stromspule des Richtungsgliedes abhängig, vgl. z. B. die Kurven in Abb. 36.

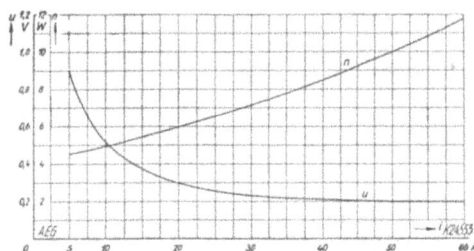

Abb. 36.  Richtungsempfindlichkeit des N-Relais,
$u = f(i)$, $n = f(i)$, bei cos $\varphi = 1$.

Die Kurve $n$ zeigt, daß mit
zunehmender Stromstärke eine
höhere Leistung für die Sperrung der Auslösung erforderlich ist. Dies ist durch den
Rähmcheneffekt, d. h. durch
die gegenseitige Induktion
zwischen Feldspulen und Drehspulen (Abb. 30) bedingt. Das
von den feststehenden Stromspulen (Feldspulen) herrührende Feld versucht nämlich bei großen Stromstärken, das Spannungsrähmchen (Drehspulen) in seine Anfangslage zurückzudrehen. Durch besondere Maßnahmen kann eine derartige Stromabhängigkeit bei den Richtungsgliedern mehr oder minder behoben werden. Bei vollständiger Kompen-
sation der Stromabhängigkeit würde die Kurve $n$ parallel zur Abszissenachse verlaufen und einen festen Wert von 4,5 W aufweisen.

Die Kurve $u$ besagt, daß die zur einwandfreien Verriegelung der
Auslösung notwendige Spannung mit zunehmender Stromstärke abnimmt — konstanter Phasenwinkel vorausgesetzt —, und daß die
Sperrung der Auslösung bei den meist vorkommenden Kurzschlußströmen, d. h. bei Strömen zwischen dem 2- und 12fachen Nennstrom
(10 bis 60 A), noch wesentlich unterhalb des Spannungswertes 0,5 V
(0,5 bis 0,2% der Nennspannung) sicher erfolgt. Es gibt in der Praxis
auch Richtungsglieder, bei denen die zur Verriegelung erforderliche
Spannung mit zunehmendem Strom anstatt abzunehmen durchweg
ansteigt. Diese haben natürlich eine viel steilere $n$-Kurve und weisen
für manche Fälle eine mangelhafte Richtungsempfindlichkeit auf.

Abb. 37 zeigt die Richtungsempfindlichkeit des gleichen Relais in
Abhängigkeit von der Größe des Phasenwinkels für eine Stromstärke
von 10 A. Erhöht man den Strom von 10 auf 40 A, so ergibt sich eine
fast parallele Kurve, die wesentlich tiefer liegt, und die bei 0° Phasenverschiebung eine Spannung von nur 0,2 V aufweist. Wie schon oben

angeführt, kommt für die 30⁰-Schaltung bei dreipoligem Kurzschluß[1]) nur der Winkelbereich von — 30⁰ bis + 60⁰ in Frage. Der zuletzt genannte Wert hat jedoch nur theoretische Bedeutung, in der Praxis wird er nie erreicht.

Zur Beurteilung der Richtungsempfindlichkeit von Distanzrelais empfiehlt es sich, stets die entsprechenden Kurven heranzuziehen; wenn diese fehlen, dann muß zum mindesten angegeben sein, auf welche Stromstärke sich die in Watt ausgedrückte Richtungsempfindlichkeit bezieht. Werden Spannungswerte genannt, so sind Stromstärke und Phasenwinkel mit anzugeben. In der einschlägigen Literatur fehlen diese Angaben leider fast immer.

Die Ausführungen über die Empfindlichkeit der getrennten Richtungsglieder haben grundsätzlich auch für jene Ablaufglieder der AEG- und BBC-Distanzrelais Gültigkeit, bei denen, wie schon oben erwähnt, die Richtungselemente mit den Ablaufgliedern vereinigt sind.

Die Richtungsempfindlichkeit der meisten vorhandenen widerstandsabhängigen Relais kann nach den gesammelten Erfahrungen als vollkommen ausreichend bezeichnet werden.

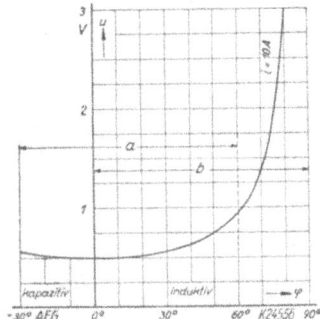

a Winkelbereich bei 3 pol. Kurzschluß,
b Winkelbereich bei 2 pol. Kurzschluß,
bezogen auf die 30⁰-Schaltung
Abb. 37. Richtungsempfindlichkeit
des N-Relais, $u = f(\varphi)$ bei 10 A.

Bleiben doch auch bei den seltenen satten Kurzschlüssen in unmittelbarer Nähe einer Station noch die Übergangswiderstände an den Kontaktstellen der Öl- und Trennschalter und der Stromwandler sowie die Leitungswiderstände bis zu den Sammelschienen bestehen, die zusammen mit dem Strom einen Spannungswert an den Sammelschienen von etwa 0,5 V sekundärseitig ergeben können. Außerdem wurde durch umfangreiche Versuche an Kabeln festgestellt, daß selbst bei Kurzschlußströmen von etwa 1000 A im Lichtbogen (Nagel ins Kabel getrieben!) allein rd. 300 V aufgezehrt wurden[2]), was in der Hauptsache auf den Kathoden- und Anodenfall zurückzuführen ist (s. a. Kapitel N).

Um die Einstellung kleiner Grundzeiten bzw. Arbeitszeiten zu ermöglichen, sollen die Richtungsglieder der widerstandsabhängigen Relais sehr schnell arbeiten (womöglich unter 0,05 s[3]), auch dann, wenn ungünstige Arbeitsverhältnisse für sie vorliegen. Diese treten bekanntlich bei metallischen Kurzschlüssen in der Nähe der Sammelschienen auf, wenn die Spannung an den Sammelschienen nahezu voll-

---

[1]) Diese Kurzschlußart ist in Kabelnetzen vorherrschend.
[2]) J. Biermanns, Überströme in Hochspannungsanlagen S. 403; Verlag Julius Springer, Berlin 1926.
[3]) Diese Forderung trifft insbesondere für den Schnelldistanzschutz zu.

ständig zusammenbricht, der Kurzschlußstrom verhältnismäßig klein ausfällt und der Phasenwinkel zwischen beiden sehr groß wird. In solchen Fällen kann die zugeführte Leistung natürlich nur sehr geringe Werte annehmen. Um auch in derartigen Fällen hohe Richtkräfte zu erhalten, werden die Spannungspulen der Richtungsglieder meist thermisch unterdimensioniert und nur in Störungsfällen durch die Relais-Anregeglieder an Spannung gelegt (Abb. 3).

## 4. Tote Zone.

In der in- und ausländischen Literatur wird oft der Begriff »tote Zone« als Maßstab für die Bewertung der Richtungsglieder gebraucht. Unter »tote Zone« versteht man diejenige Teilstrecke eines Kabels oder einer Freileitung, von der anliegenden Sammelschiene bzw. von den zuständigen Schutzrelais aus gerechnet, innerhalb der die Richtungsglieder infolge zu geringer zugeführter Wirkleistung eine sichere Unterscheidung der Leistungsrichtung nicht mehr treffen. Die Folge hiervon ist, daß ein oder mehrere Zuflußschalter der gleichen Station mitauslösen können.

Der Begriff »tote Zone« hat bei der hohen Empfindlichkeit der heutigen Richtungsglieder meines Erachtens selbst auch in Kabelnetzen nur noch theoretischen Wert. Umfangreiche Betriebserfahrungen lehren deutlich, daß dieser Begriff für die Praxis ohne Bedeutung ist. Wollte man auch gegebenenfalls der »toten Zone« eine praktische Bedeutung beimessen, so ist sie im voraus überhaupt nicht eindeutig zu bestimmen, da die Richtungsempfindlichkeit der Relais, wie schon oben ausgeführt, von einer Reihe Faktoren abhängig ist (Stromstärke, $\cos \varphi$, Lichtbogeneinflüsse usw.). Außerdem kann in vermaschten Netzen bei Verwendung von Distanzrelais mit positiv-stromabhängiger Laufzeit[1] eine »tote Zone« selbst dann nicht zur Auswirkung kommen, d. h. eine Falschauslösung bewirken, wenn die Richtungsglieder sehr unempfindlich sind. Um dies zu veranschaulichen, seien folgende Überlegungen angestellt:

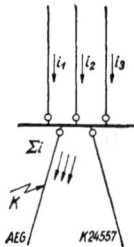

Abb. 38.

Tritt an der Ausführung einer Station ein dreipoliger metallischer Kurzschluß auf und wird den Sammelschienen dieser Station der Kurzschlußstrom über mehrere Leitungen zugeführt (vgl. Abb. 38), so ist bei Verwendung von widerstandsabhängigen Relais mit positiver Stromabhängigkeit der Laufzeiten das Verriegeln der Auslösung durch die Richtungsglieder bei den Zuflußschaltern nicht unbedingt erforderlich. Die Selektivität wird dann

---

[1] Positiv-stromabhängig ist ein Distanzrelais, wenn seine Laufzeiten mit zunehmendem Strom kleiner werden. Vgl. hierzu die Relais-Zeit-Kennlinien von vier Distanzrelais in Kapitel G.

durch die Stromabhängigkeit der Ablaufglieder erzielt. Der Zeitunterschied zwischen den sich ergebenden Laufzeiten (Grundzeiten) an den Zuflußschaltern und dem Abflußschalter muß allerdings größer sein als die Arbeitszeit des auszulösenden Hochspannungsschalters.

## 5. Schlußbemerkung.

Die vorliegenden Erörterungen beziehen sich vornehmlich auf Richtungsglieder widerstandsabhängiger Relais. Diese Richtungsglieder sind ihrer Bemessung und Auslegung nach grundsätzlich zum Arbeiten bei anormalen Betriebsverhältnissen wie Kurzschluß und Doppelerdschluß bestimmt. Meist werden ihre Spannungspulen erst bei Auftreten dieser Störungen an Spannung gelegt. Von den etwa 15000 in Deutschland eingebauten widerstandsabhängigen Relais weisen rd. 14000 Richtungsglieder in einpoliger Ausführung auf, die ihrer Aufgabe hinsichtlich der richtigen Unterscheidung der positiven von der negativen Leistung bei den genannten Störungsfällen in jeder Beziehung gewachsen sind. Bei einigen älteren Ausführungen mag wohl die Richtungsempfindlichkeit in Sonderfällen nicht ausreichend sein; doch dürfte dies noch kein Grund zur Verallgemeinerung sein, daß die einpoligen Ausführungen in manchen Fällen verkehrt ausschlagen müssen. Verkehrt ausschlagen können die einpoligen Richtungsglieder nur dann, wenn unzweckmäßige Schaltungen verwendet werden.

# II. Besonderer Teil.

## F. Ermittlung der Sekundärwiderstände von Stromschleifen in Drehstromnetzen bei verschiedenen Fehlerarten[1]).

### 1. Primär- und Sekundärwiderstände.

Die widerstandsabhängigen Relais führt man bekanntlich nur als Sekundärrelais aus, d. h. sie werden mit Rücksicht auf Isolation sowie thermische und dynamische Beanspruchung nicht unmittelbar in den Leitungszug der zu schützenden Anlageteile, wie Freileitungen, Kabel usw. gelegt, sondern stets über Strom- und Spannungswandler angeschlossen, die auf der Sekundärseite gewöhnlich für eine Nennstromstärke von 5 A bzw. eine verkettete Nennspannung von 100 oder 110 V ausgelegt sind. Der indirekte Anschluß hat zur Folge, daß die Relais nicht unmittelbar die tatsächliche Größe des Scheinwiderstandes, Blindwiderstandes oder Wirkwiderstandes des Schützlings erfassen, sondern nur Hilfsgrößen gleichen physikalischen Charakters, die wohl den ersteren proportional sind, sich in ihrem absoluten Werte jedoch durch den Einfluß der Übersetzungsverhältnisse der Strom- und Spannungswandler von den tatsächlichen Größen in den allermeisten Fällen sehr stark unterscheiden. Auch Meßgeräte und Elektrizitätszähler zeigen, wenn sie über Wandler an die Anlageteile angeschlossen sind, nur Hilfsgrößen an, die mit bestimmten Faktoren multipliziert werden müssen, damit man die wirklichen Größen (Stromstärke, Leistung usw.) erhält.

In diesem Kapitel wollen wir uns nur mit den elektrischen Größen befassen, die für den Ablauf der widerstandsabhängigen Relais maßgebend sind, d. h. mit den Schein-, Blind- und Wirkwiderständen der zu schützenden Anlageteile zuzüglich der etwaigen Lichtbogen- oder Erdübergangswiderstände. Die tatsächlichen Widerstände werden im folgenden kurz Primärimpedanz ($z_1$), Primärreaktanz ($x_1$) bzw. Primärresistanz ($r_1$) genannt. Die zu ihrer Bestimmung erforderlichen Unterlagen sind in zahlreichen Veröffentlichungen enthalten[2]).

---

[1]) S. a. M. Walter, Elektr.-Wirtsch. Bd. 30 (1931) S. 434.
[2]) Vgl. z. B. M. Walter, Selektivschutzeinrichtungen für Hochspannungsanlagen, Verlag R. Oldenbourg, München 1929, S. 68—81. — H. Langrehr, AEG-Mittlg. 1927, S. 452.

Da die widerstandsabhängigen Relais stets als Sekundärrelais ausgeführt werden, sind sie nach den obigen Erörterungen auf die Widerstandswerte abzustimmen, die sich auf der Sekundärseite der Wandler ergeben, d. h. auf den

$$\text{sekundären Scheinwiderstand } z_2 = \frac{u}{i},$$

oder den

$$\text{sekundären Blindwiderstand } x_2 = \frac{u}{i} \cdot \sin \varphi.$$

oder den

$$\text{sekundären Wirkwiderstand } r_2 = \frac{u}{i} \cdot \cos \varphi.$$

Die Werte $z_2$, $x_2$ und $r_2$ beziehen sich ganz allgemein auf Schleifen, die von zwei Leitern oder von einem Leiter und der Erde gebildet werden. Den einzelnen Relais wird der Strom einer Phase bzw. Schleife zugeführt, und zwar je nach den Verhältnissen entweder die verkettete Spannung, also die Spannung zwischen zwei Leitern, oder die Spannung gegen Erde, d. h. die Spannung zwischen Leiter und Erde. Die Größe der Sekundärwiderstände, die weiterhin mit Sekundärimpedanz, Sekundärreaktanz bzw. Sekundärresistanz bezeichnet werden sollen, ist für die Wahl der Zeitkennlinien maßgebend und bestimmt zusammen mit diesen die Laufzeiten der Relais.

In den folgenden Abschnitten wird gezeigt, wie die sekundären Widerstände für die verschiedensten Fehlerarten zu ermitteln sind. Dabei werden nur die Scheinwiderstände $z_2$ näher besprochen, um Wiederholungen zu vermeiden. Die Blind- und Wirkwiderstände $x_2$ und $r_2$ lassen sich daraus durch Multiplikation mit $\sin \varphi$ bzw. $\cos \varphi$ leicht errechnen, vgl. auch die Abschnitte 4 und 5.

Zum besseren Verständnis der erläuterten Begriffe folgt zunächst ein einfaches Rechenbeispiel, dann werden die allgemein gültigen Formeln für die Ermittlung der Sekundärimpedanz abgeleitet.

Rechenbeispiel: Ein Abschnitt einer 30-kV-Übertragungsanlage habe drei Unterstationen $a$, $b$ und $c$, die durch Freileitungen miteinander verbunden sind (Abb. 39). Die Primärimpedanz je Phase[1]) betrage für beide Leitungsstrecken ($ab$ und $bc$) je $z_1 = 5$ Ohm. Die Leitungen sollen mit Impedanzrelais ausgerüstet sein. Ferner wird angenommen, daß der Anschluß der Relais an Phasenstrom und verkettete Spannung erfolgt über Strom- und Spannungswandler mit dem Nennübersetzungsverhältnis $\ddot{u}_i = 200/5$ bzw. $\ddot{u}_u = 30\,000/110$.

Die Leitung $bc$ werde in der Station $c$ abgeschaltet. Vor dem herausgenommenen Ölschalter an der Stelle $k$ möge ein zweipoliger metallischer Kurzschluß entstehen mit einer Stromstärke $I_d = 1000$ A. Zu ermitteln sind die Werte der Sekundärimpedanzen, die von den Relais $1$ und $2$ in den zugehörigen Kurzschlußschleifen gemessen werden.

---

[1]) Von einer Impedanz bzw. Reaktanz je Phase kann man eigentlich nur bei ideal verdrillten Leitungen sprechen.

An den Sammelschienen der Station $b$ ergibt sich zwischen den kurzgeschlossenen Phasen eine Primärspannung von

$$U = 2\,z_1 \cdot I_d = 2 \cdot 5 \cdot 1000 = 10000\ \text{V},$$

der auf der Sekundärseite eine Spannung von

$$u = \frac{10000 \cdot 110}{30000} \approx 37\ \text{V}$$

entspricht.

Die Relais $1$ führen bei dem angenommenen Primärstrom von 1000 A einen Strom:

$$i = I_d \cdot \frac{5}{200} = 1000 \cdot \frac{5}{200} = 25\ \text{A}$$

und messen in der wirksamen Kurzschlußschleife $1$—$1$ eine Sekundärimpedanz von

$$z_2^{\text{II}} = \frac{u}{i} = \frac{37}{25} = 1,48\ \Omega.$$

(Der Index II bedeutet, daß sich die Impedanz auf einen zweipoligen Kurzschluß bezieht).

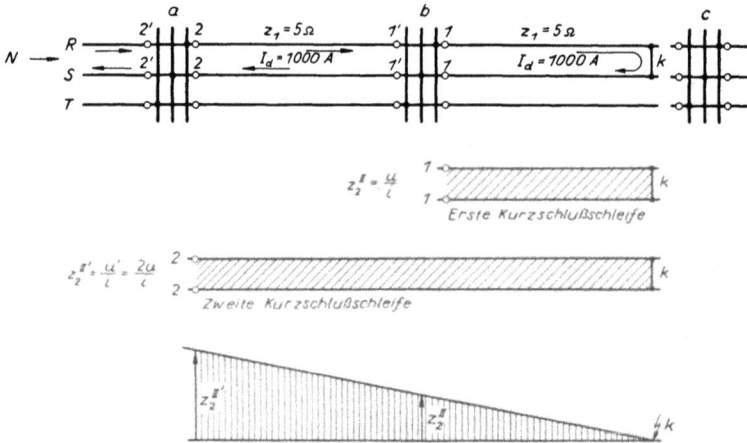

Abb. 39. Schleifenimpedanzen bei zweipoligem Kurzschluß.

Die Impedanz $z_2^{\text{II}}$ wird kleiner mit abnehmender Entfernung des Kurzschlußortes von der Station $b$. Im Grenzfalle, d. h. wenn der Kurzschluß unmittelbar vor dem Hochspannungsschalter $1$ stattfindet, nimmt sie praktisch den Wert Null Ohm an.

Die für die Relais $2$ maßgebende Sekundärimpedanz der Schleife $2$—$2$ erhält man in gleicher Weise. Sie beträgt:

$$z_2^{\text{II}\prime} = \frac{u'}{i} = \frac{2\,u}{i} = \frac{74}{25} = 2,96\ \Omega,$$

hat also den doppelten Wert wie die Impedanz der Schleife $1$—$1$.

Die Distanzrelais $1'$ und $2'$ werden bei dem vorliegenden Kurzschluß $k$ durch ihre Energierichtungsglieder am Arbeiten verhindert.

Es kann vorkommen, daß aus betriebstechnischen Gründen die Stromwandler gegen Wandler mit anderen Übersetzungsverhältnissen ausgewechselt werden müssen, insbesondere wenn die Betriebsstromstärke eine wesentliche Änderung erfährt. In diesem Fall ändern sich die von den Relais $1$ und $2$ zu erfassenden Impedanzwerte proportional mit dem Übersetzungsverhältnis der Stromwandler. Wenn z. B. das Übersetzungsverhältnis von 200/5 auf 400/5 festgelegt wird, dann nimmt $z_2^{II}$ den doppelten Wert an wie vorher.

Die Höhe der Sekundärimpedanz kann ferner durch Änderung der Nennstromstärke der Stromwandler auf der Sekundärseite beeinflußt werden, indem beispielsweise an Stelle der Wandler für 200/5 A solche für 200/10 A verwendet werden. Die gleiche Wirkung erzielt man durch Zwischenschaltung von Hilfswandlern, die den Nenn-Sekundärstrom hinauf- oder herabsetzen. Schließlich können die Impedanzwerte auch durch Änderung der sekundären Nennspannung der Spannungswandler mit Hilfe von Zwischenspannungswandlern geregelt werden.

In dem besprochenen Beispiel wurde die Sekundärimpedanz für Leiterschleifen bei zweipoligem Kurzschluß ermittelt. Für drei- und einpolige Kurzschlüsse sowie für Doppelerdschlüsse und Erdkurzschlüsse (Abb. 47) lassen sich die sekundären Schleifenimpedanzen in ähnlicher Weise bestimmen.

Die Ermittlung der Sekundärimpedanz mit Hilfe des Kurzschlußstromes nach der im obigen Beispiel angewandten Art ist etwas umständlich. Sie ist jedoch bei »stromabhängigen« Relais mitunter dienlich, weil die Höhe der die Relais durchfließenden Kurzschlußströme auf die Auswahl der Charakteristiken von bestimmendem Einfluß ist (s. Kapitel G). — Das Ermittlungsverfahren soll im folgenden zur Vereinfachung in allgemeine Formeln gekleidet werden, und zwar sowohl das Verfahren zur Ermittlung der Sekundärimpedanz je Phase als auch das zur Ermittlung der Sekundärimpedanz für die jeweilige Fehlerschleife. Bei der Auslegung der Relaischarakteristiken sind noch die Außenschaltung und die »Stromabhängigkeit« der Relais zu beachten.

## 2. Phasenimpedanz[1]).

Die Impedanz der Schleife: Meßort—Leiter—Fehlerstelle—Leiter—Meßort (vgl. auch Abb. 2 und 39) ist bei zweipoligem metallischen Kurzschluß, wie aus obigem Beispiel hervorgeht, auf der Primärseite

$$z_1^{II} = 2\,z_1 = \frac{U}{I} \quad \ldots \ldots \ldots \ldots \quad (20)$$

und auf der Sekundärseite

$$z_2^{II} = 2\,z_2 = \frac{u}{i}. \quad \ldots \ldots \ldots \ldots \quad (21)$$

Hieraus erhält man die Primärimpedanz je Phase zu

$$z_1 = \frac{1}{2} \cdot \frac{U}{I} \quad \ldots \ldots \ldots \ldots \quad (22)$$

und die Sekundärimpedanz je Phase zu

$$z_2 = \frac{1}{2} \cdot \frac{u}{i}. \quad \ldots \ldots \ldots \ldots \quad (23)$$

---

[1]) S. Fußnote auf S. 47.

Wird (23) durch (22) dividiert, so findet man die Beziehung

$$\frac{z_2}{z_1} = \frac{u \cdot 2\, I}{2\, i \cdot U} = \frac{\dfrac{I}{i}}{\dfrac{U}{u}} = \frac{\ddot{u}_i}{\ddot{u}_u}, \quad \ldots \ldots \ldots \quad (24)$$

aus der sich die allgemein gültige Formel für die Sekundärimpedanz je Phase

$$z_2 = \frac{\ddot{u}_i}{\ddot{u}_u} \cdot z_1 \quad \ldots \ldots \ldots \quad (25)$$

ergibt. $\ddot{u}_i$ bedeutet das Nennübersetzungsverhältnis der Stromwandler, $\ddot{u}_u$ das Nennübersetzungsverhältnis der Spannungswandler.

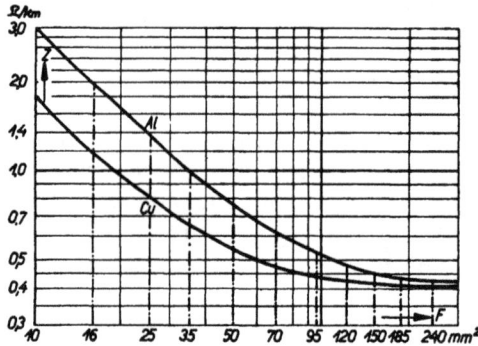

Abb. 40. Impedanz je km und Phase von Einfach-Drehstrom-freileitungen bei 50 Hz unter Zugrundelegung einer Reaktanz je Phase von $x_1 = 0,4$ Ohm/km. (Für Doppelleitungen gelten praktisch die gleichen Werte.)

Setzt man die Verhältniszahl $\dfrac{\ddot{u}_i}{\ddot{u}_u} = c$, so erhält Formel (25) die Form

$$z_2 = c \cdot z_1, \quad \ldots \ldots \ldots \quad (25\,\mathrm{a})$$

in der $c$ den Meßfaktor der Relais bedeutet.

Aus den Beziehungen (25) und (25 a) geht hervor, daß die Sekundärimpedanz der Primärimpedanz des zu schützenden Anlageteiles proportional ist. Aus ihnen ist weiter ersichtlich, daß beide Impedanzen in ihrer absoluten Größe nur dann gleich sind, wenn der Meßfaktor $c = 1$ ist; dies trifft aber praktisch fast nie zu (vgl. auch die Werte in Abb. 41).

Die Primärimpedanz $z_1$ kann an Hand der Leitungskonstanten entweder errechnet oder graphisch ermittelt werden. Rechnerisch ergibt sie sich je Phase in Ohm aus der bekannten Formel

$$z_1 = \sqrt{r_1{}^2 + x_1{}^2},$$

in der $r_1$ den Wirkwiderstand und $x_1$ den Blindwiderstand eines Anlageteiles in Ohm je Phase bedeuten; noch bequemer und schneller erhält man die Werte für $z_1$ aus Abb. 40.

Der Meßfaktor $c$ ergibt sich aus der Gleichung

$$c = \frac{\ddot{u}_i}{\ddot{u}_u},$$

in der $\ddot{u}_i$ und $\ddot{u}_u$ als bekannt vorauszusetzen sind, was in der Praxis ja immer zutrifft, oder aus Abb. 41, in der $c$ in Abhängigkeit vom Übersetzungsverhältnis der Stromwandler $\ddot{u}_i$ für verschiedene Spannungswandler-Übersetzungsverhältnisse $\ddot{u}_u$ aufgetragen ist.

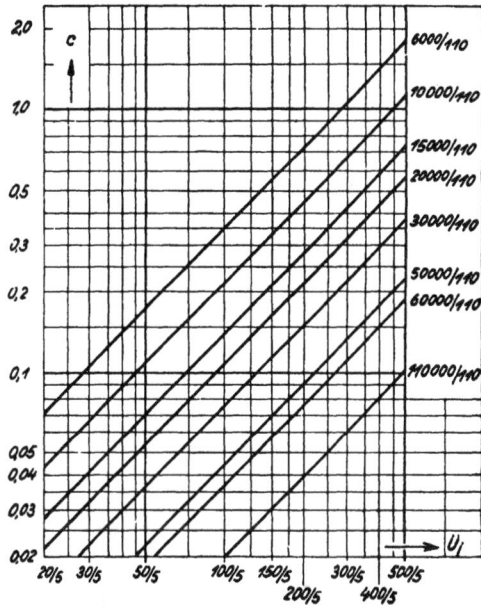

Abb. 41. Kennlinien für den Meßfaktor $c = \dfrac{\ddot{u}_i}{\ddot{u}_u}$ zur Bestimmung der Sekundärimpedanz.

Ist die sekundäre Nennspannung der Spannungswandler 100 V statt 110 V, so müssen obige Kurvenwerte mit dem Faktor 0,91 multipliziert werden.

### 3. Schleifenimpedanz.

Nachdem die allgemeine Formel zur Ermittlung der Sekundärimpedanz je Phase eines Anlageteiles entwickelt ist (25), sollen noch die Formeln zur Ermittlung der Sekundärimpedanz für verschiedene Fehlerschleifen sowohl in Netzen mit nicht kurzgeerdetem Systemnullpunkt als auch in Netzen mit kurzgeerdetem Systemnullpunkt gebracht werden. Die kurze Erdung des Systemnullpunktes in Hochspannungsnetzen wird in Europa wenig angewendet, in Deutschland, soweit dem Verfasser bekannt, nur in den 6-kV-Kabelnetzen der Städte Frankfurt a. M. und Gleiwitz. In Amerika und einigen anderen überseeischen Ländern überwiegt dagegen die kurze Erdung.

In erster Linie soll auf die Fehlerarten und die entsprechenden Sekundärimpedanzen in Netzen mit nicht kurzgeerdetem Systemnullpunkt eingegangen werden.

### a) Zweipoliger Kurzschluß.

Aus den vorstehenden Ausführungen [vgl. auch die Formeln (20) und (22)] geht hervor, daß die Schleifenimpedanz bei zweipoligem Kurzschluß durch das Verhältnis $\dfrac{U}{I}$ gegeben ist, wo $U$ die der Schleife am

4*

Meßort aufgedrückte verkettete Spannung und $I$ den von der Spannung $U$ durch die Schleife getriebenen Strom bedeuten. Dieses Verhältnis ist gleich dem Scheinwiderstand der durch die beiden Leiter gebildeten Schleife und mithin gleich der zweifachen Phasenimpedanz $z_1$ (vgl. auch Abb. 39). Da die Sekundärimpedanz der Primärimpedanz direkt proportional ist, so erhält Formel (25) für die Sekundärimpedanz der Schleife bei zweipoligem Kurzschluß die Form[1])

$$z_2^{II} = \frac{\ddot{u}_i}{\ddot{u}_u} \cdot 2\,z_1 = c \cdot 2\,z_1 \ . \quad . \quad . \quad . \quad . \quad . \quad . \quad (26)$$

Diese Beziehung hat streng genommen nur für den satten Kurzschluß Gültigkeit, d. h. für einen Kurzschluß, bei dem der Widerstand zwischen den Leitern an der Fehlerstelle $r' \approx 0\ \Omega$ ist. Ist jedoch an der Kurzschlußstelle der Übergangswiderstand $r' \gg 0$, so muß er bei der Berechnung der Schleifenimpedanz berücksichtigt werden[2]).

Hierfür gilt die Formel

$$z_2^{II} = c \ | \overline{(2\,r_1 + r')^2 + (2\,x_1)^2}\ . \quad . \quad . \quad . \quad . \quad . \quad . \quad (27)$$

Darin bedeuten:

$r_1$ ($\Omega$) Wirkwiderstand je Leiter,

$r'$ ($\Omega$) Übergangswiderstand am Kurzschlußort,

$x_1$ ($\Omega$) Blindwiderstand je Leiter.

Für die Projektierung von Impedanzschutzeinrichtungen ist, wie wir weiter unten noch sehen werden, von den beiden Formeln nur die erste brauchbar; Gleichung (27) wird man hingegen lediglich zur Störungsklärung bei Kurzschlüssen mit hohen Lichtbogenwiderständen oder mit anderen zusätzlichen Übergangswiderständen an der Kurzschlußstelle benutzen.

Schaltungen siehe im Kapitel K.

### b) Dreipoliger Kurzschluß.

Bei dreipoligem metallischem Kurzschluß ist die Schleifenimpedanz[3]), bezogen auf den Stromkreis: Meßort—Leiter—Fehlerstelle—Leiter—Meßort, im Gegensatz zu der Schleifenimpedanz bei zweipoligem metalli-

---

[1]) Es gibt auch Relaisschaltungen, bei denen die widerstandsabhängigen Relais an Stelle der Schleifenimpedanz die Phasenimpedanz oder halbe Schleifenimpedanz $z_2 = c \cdot z_1$ messen.

[2]) Der Lichtbogenwiderstand kann in Höchstspannungs-Freileitungsnetzen einen Wert von 250 Ohm und mehr annehmen, allerdings erst kurz vor dem Abreißen.

[3]) Die Bezeichnung Schleifenimpedanz hat sich in der Praxis auch für den dreipoligen Kurzschluß eingebürgert, obwohl sie hierfür nur bedingt zu Recht besteht.

schem Kurzschluß nicht zweimal, sondern nur $\sqrt{3}$ mal so groß wie die Phasenimpedanz

$$z_1^{\mathrm{III}} = \frac{U}{I} = \sqrt{3} \cdot \frac{U_{ph}}{I} = \sqrt{3} \cdot z_1.$$

Darin bedeuten $U$ die verkettete Spannung, $U_{ph}$ die Sternspannung. Der Unterschied in der Größe der Schleifenimpedanzwerte bei zwei- und dreipoligem Kurzschluß erklärt sich dadurch, daß der Strom bei zweipoligem Kurzschluß von der verketteten Spannung, bei dreipoligem dagegen von der Sternspannung getrieben wird. Verbindet man nämlich bei dreipoligem metallischem Kurzschluß den Sternpunkt (Nullpunkt) des Generators bzw. Transformators mit dem Sternpunkt an der Kurzschlußstelle (Nullpunkt) mittels eines ideellen Leiters, so ist wohl ohne weiteres klar, daß in einem Stromkreis: Generatorphasenwicklung—Phasenleiter—Kurzschlußstelle—ideeller Leiter die Sternspannung als treibende Spannung in Frage kommt.

Ein weiterer Unterschied zwischen zwei- und dreipoligem Kurzschluß besteht hinsichtlich des Phasenwinkels, sofern man bei der Betrachtung von der verketteten Spannung ausgeht. Abb. 42 und 43

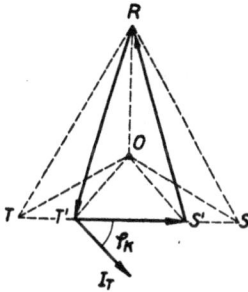

Abb. 42. Vektordiagramm bei zweipoligem Kurzschluß.

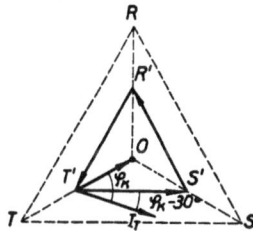

Abb. 43. Vektordiagramm bei dreipoligem Kurzschluß.

zeigen die Vektorlage des Kurzschlußstromes $I_T$ zur verketteten Spannung $U_{T'S'}$ bei zweipoligem Kurzschluß und zur Sternspannung $U_{T'0}$ bei dreipoligem Kurzschluß. In beiden Fällen eilt der Kurzschlußstrom der treibenden Spannung um den gleichen Kurzschlußwinkel $\varphi_k$ nach. Nimmt man jedoch bei dreipoligem Kurzschluß an Stelle der Sternspannung $U_{T'0}$ die verkettete Spannung $U_{T'S'}$, so ergibt sich zwischen dieser Spannung und dem Kurzschlußstrom $I_T$ ein um $30^0$ kleinerer Phasenwinkel $\varphi_k$—$30^0$, was in Abb. 43 deutlich zum Ausdruck kommt.

Die Sekundärimpedanz der Schleife ist somit bei dreipoligem metallischem Kurzschluß

$$z_2^{\mathrm{III}} = \frac{\ddot{u}_i}{\ddot{u}_u} \cdot \sqrt{3} \cdot z_1 = c \cdot \sqrt{3} \cdot z_1. \quad \ldots \ldots \ldots \quad (28)$$

Weist die Kurzschlußstelle einen merklichen Übergangswiderstand auf, so gilt für die Sekundärimpedanz der Schleife die Formel

$$z_2^{III} = c \sqrt{(\sqrt{3} \cdot r_1 + \sqrt{3} \cdot r')^2 + (\sqrt{3} \cdot x_1)^2} = c \cdot \sqrt{3} \cdot \sqrt{(r_1 + r')^2 + x_1^2} \quad (29)$$

Die Bemerkungen zu Formel (27) gelten entsprechend auch hier. Schaltungen siehe im Kapitel K.

### c) Doppelerdschluß.

Doppelerdschluß und zweipoliger Kurzschluß sind wesensverwandt. Sie unterscheiden sich in der Hauptsache dadurch, daß beim Doppelerdschluß die Überbrückung der kranken Leiter über Erde erfolgt,

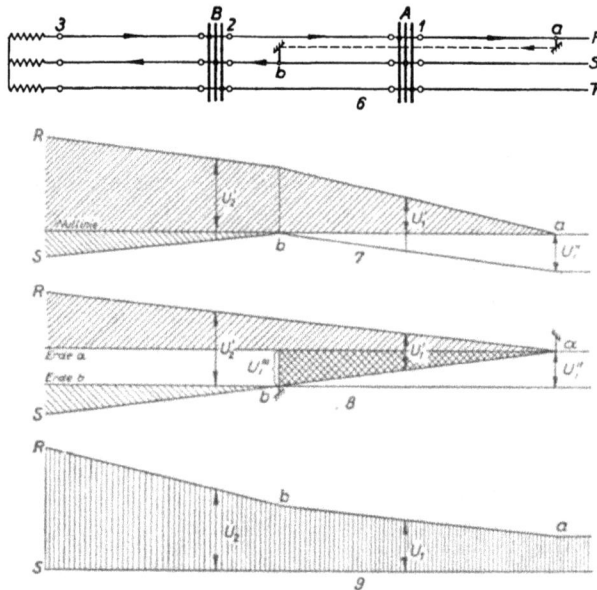

$U'_1$ und $U'_2$ Spannungen des Leiters $R$ gegen Erde in den Stationen A und B,

$U_1$ und $U_2$ Verkettete Spannungen zwischen den Leitern $R$ und $S$ in den Stationen A und B,

$U''_1$ Spannung des Leiters $S$ gegen Erde, hervorgerufen durch die Induktion des Nachbarleiters $R$,

$U'''_1$ Spannungsabfall in der Erde von $a$ bis $b$.

Abb. 44. Schematische Darstellung des Spannungsverlaufs bei einseitig gespeister Drehstromleitung mit Doppelerdschluß [Lichtbogen- und Erdübergangswiderstände an den Erdschlußstellen sind hier gleich Null angenommen (vgl. auch Abb. 45)].

wobei die Fußpunkte der Brücke nicht am gleichen Ort der Leitung liegen, sondern über eine oder mehrere Leitungsstrecken räumlich verteilt sind. Strom- und Spannungsverteilung sind bei Doppelerdschluß im großen und ganzen ähnlich wie beim zweipoligen Kurzschluß. Der Einfluß der Kapazität ist auch hier verschwindend gering. In Abb. 44

ist ein Doppelerdschluß mit Stromverlauf und Spannungsverteilung gezeigt. An den Erdschlußstellen $a$ und $b$ weisen die kranken Leiter $R$ und $S$ Spannungen gegen ihre Erde von Null V auf (Lichtbogenwiderstand und Erdübergangswiderstand werden dabei gleich Null angenommen). Von da steigt die Spannung gegen Erde in Richtung der Stromquelle an, was aus den Teilabb. $44_7$ und $44_8$ ersichtlich ist. In diesen beiden Abbildungen wird ein und derselbe Vorgang in verschiedener Darstellung gebracht. Während in Abb. $44_7$ eine gemeinsame Nullinie angenommen ist, über und unter der die Spannungen der Leiter $R$ und $S$ gegen Erde aufgetragen sind, weist Abb. $44_8$ zwei »Erden« verschiedenen Potentials auf, wobei die Spannungen gegen Erde unterteilt sind (vgl. auch Abb. 45). Die Spannungswerte $U_1'$ und $U_2'$ in den Stationen $A$ und $B$ bedeuten die volle Spannung der jeweiligen Schleife: Leiter—Erde. Diese Schleifenspannung ist identisch mit der Spannung gegen Erde (Erdspannung).

Der Spannungsverlauf zwischen den kranken Phasen $R$ und $S$ ist aus Abb. $44_9$ ersichtlich. Auch hier steigt die Spannung in Richtung der Stromquelle an, allerdings ohne an den Schlußstellen von dem Wert Null V auszugehen. Der Strom in der Erde zwischen den beiden Fußpunkten des Doppelerdschlusses (für das Drehstromsystem ein Asymmetrie- oder Summenstrom) ist bekanntlich in seiner örtlichen Verteilung an die kranke Leitung gebunden, und zwar auch dann, wenn diese Leitung ihre Richtung unter kleinem Winkel wechselt. Wegen weiterer Einzelheiten über den Doppelerdschluß sei auf das Schrifttum verwiesen[1]).

Die Spannungswicklungen der widerstandsabhängigen Relais können bei Doppelerdschluß entweder an die verkettete Spannung oder an die Spannung gegen Erde, d. h. an die Spannung zwischen Leiter und Stationserde geschaltet werden. In der Praxis werden beide Schaltungsarten angewendet. In Kabelnetzen sowie in Freileitungsnetzen mit Holzmasten und ohne Erdseil, also in Netzen, in denen Doppelerdschlüsse sehr selten auftreten, gelangt mehr die verkettete Spannung zur Anwendung. In Freileitungsnetzen mit Eisenmasten und Erdseilen, in denen Doppelerdschlüsse viel leichter zustande kommen können, zieht man die Spannung gegen Erde vor, denn man erzielt dadurch kürzere Abschaltzeiten und erhöhte Selektivität. Letztere kann noch dadurch gesteigert werden, daß man die Relais nur der e i n e n k r a n k e n P h a s e arbeiten läßt, die Relais der anderen kranken Phase dagegen durch Hilfsrelais am Arbeiten verhindert. Durch diese Maßnahme erreicht man, daß in allen Fällen nur ein Erdschluß abgetrennt wird. In unserm Beispiel (Abb. $44_6$) sei angenommen, daß nur die Relais der Phase $R$ arbeiten. Dort weist Relais $1$ die kleinste Spannung gegen

[1]) J. Biermanns, Elektr. u. Maschinenbau 43 (1925), S. 374. — O. Mayr, ETZ 46 (1925), S. 1436. — Archiv für El. 17 (1926), S. 163. — R. Rüdenberg, Z. ang. Math. u. Mech. 5 (1925), S. 361.

Erde auf und löst infolgedessen zuerst aus; es trennt den Erdschluß *a*
ab und hebt dadurch den Doppelerdschluß auf. Erdschluß *b* bleibt
hingegen weiter bestehen, was bei Anwendung von Erdschluß-Kompen-
sationseinrichtungen (Petersenspulen, Löschtransformatoren usw.)
oft für mehrere Stunden belanglos ist.

Die Selektivität bei Doppelerdschluß kann auch dadurch verbessert werden, daß die Umschaltung der Spannungswicklungen der
Relais von der verketteten Spannung auf die Spannung gegen Erde
unter Zuhilfenahme des Asymmetriestromes statt der Nullpunktspannung[1]) vollzogen wird, der, wie oben schon ausgeführt, nur bei den Relais zwischen den beiden Erdschlußpunkten auftritt. In Abb. $44_6$ würde
in diesem Fall nur Relais *1* an die Spannung gegen Erde gelegt werden.

Wird den Relais bei Doppelerdschluß an Stelle der Spannung
gegen Erde die verkettete Spannung zugeführt, so sind ihre Laufzeiten
infolge der größeren Spannungswerte länger; die Selektivität ist wegen der
kleinen Spannungsunterschiede zwischen den benachbarten Stationen
oft unsicherer. Dafür fällt aber die Umschaltung der Relais von der verketteten Spannung auf die Spannung gegen Erde und umgekehrt weg,
so daß die Apparatur etwas einfacher wird.

Der Anschluß widerstandsabhängiger Relais erfolgt in Freileitungsnetzen mit Eisenmasten und Erdseilen meistens so, daß ihnen bei
Doppelerdschluß Phasenstrom und Spannung gegen Erde von demselben Leiter zugeführt werden (vgl. auch die entsprechenden Schaltungen
in Kapitel K). Die wirksame Sekundärimpedanz ergibt sich dann bei
Doppelerdschluß in der Schleife zu

$$z_2^{\mathrm{I}} = \frac{u_0}{i} = c \underbrace{\sqrt{(r_1 + r_L + r_ü + r_e)^2 + x_0{}^2}}_{z_0} = c \cdot z_0. \quad \ldots \quad (30)$$

Hierin bedeuten:

$u_0$ (V) Spannung in der Schleife: Leiter—Erde, gemessen auf
der Sekundärseite des Spannungswandlers;

$i$ (A) Strom in der Schleife: Leiter—Erde, gemessen auf der
Sekundärseite der Stromwandler;

$r_1$ (Ω) Wirkwiderstand des Leiters von der Fehlerstelle bis zum
Meßort;

$r_L$ (Ω) Lichtbogenwiderstand bei nicht sattem Erdschluß;

$r_ü$ (Ω) Übergangswiderstand an der Erdschlußstelle;

$r_e$ (Ω) Erdwiderstand von der Fehlerstelle bis zum Meßort;

$x_0$ (Ω) Blindwiderstand der Schleife: Leiter—Erde;

$z_0$ (Ω) Impedanz der gesamten Schleife: Leiter—Erde.

$c = \dfrac{ü_i}{ü_u}$ Meßfaktor, gegeben durch die Übersetzungsverhältnisse
der Strom- und Spannungswandler.

---

[1]) Näheres s. im Kapitel K unter 2.

In Abb. 45 sind die Spannungs- bzw. Widerstandsanteile einer Schleife: Leiter—Erde schematisch aufgezeichnet. Dieses Bild stellt einen Ausschnitt aus Abb. 44 dar. Der Lichtbogenwiderstand zwischen Erde und Leiter $r_L$ kann in Höchstspannungsnetzen mit Werten bis 250 Ohm angenommen werden. Besteht die Verbindung von Leiter zu Erde ohne Lichtbogen, also satt, so ist $r_L$ in Abb. 45 und in der

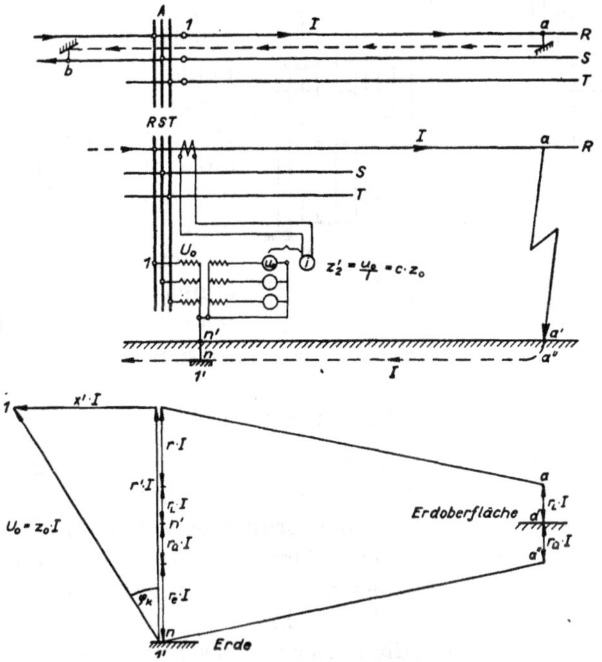

a Fußpunkt des Lichtbogens am Leiter $R$,
a′ Fußpunkt des Lichtbogens an der Erdoberfläche,
a″ Erde an der Fehlerstelle nach Abzug des Erdübergangs-
   widerstandes,
n Stationserde
n′ Erdoberfläche in der Station $A$,
$U_0$ Spannung der Schleife: Leiter—Erde in der Station $A$,
$q_k$ Kurzschlußwinkel (Impedanzwinkel),
$c = \dfrac{\ddot{u}_I}{\ddot{u}_u}$ Meßfaktor, gegeben durch die Übersetzungsverhältnisse der Strom- und Spannungswandler.
(Die Erklärungen zu den übrigen Zeichen siehe bei Formel 30.)

Abb. 45. Stromverlauf und Spannungsverteilung in einer Schleife:
Leiter—Erde bei Doppelerdschluß.

Formel (30) gleich Null zu setzen. Der Übergangswiderstand an einer Schlußstelle des Doppelerdschlusses $r_ü$ bewegt sich je nach der Güte des Überganges zwischen etwa 10 und 200 Ohm. Der Erdwiderstand, d. h. der Wirkwiderstand der Strombahn im Erdboden,

$$r_e = \omega \cdot \frac{\pi}{2} \cdot 10^{-4} \; \Omega/\text{km} \quad \ldots \ldots \ldots \quad (31)$$

ist mit etwa 0,05 Ohm/km bei 50 Hz in die Formel (30) einzusetzen[1]), während der Wirkwiderstand des Leiters $r_1$ sich nach der bekannten Formel

$$r_1 = \frac{l}{\varkappa \cdot F} \quad \cdots \cdots \cdots \cdots \quad (32)$$

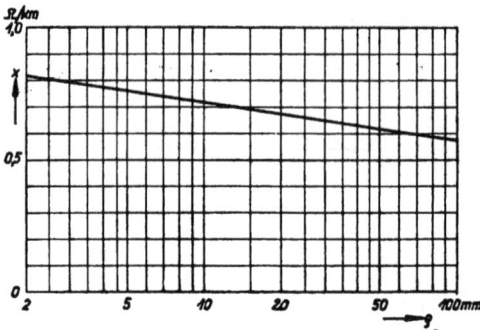

Abb. 46. Reaktanz einer Schleife: Draht—Erde je km nach *O. Mayr* ($\varrho$ = Seilradius in mm).

errechnen läßt. Die Reaktanz der Schleife: Leiter—Erde $x_0$ kann aus Abb. 46 ermittelt werden. Die Impedanz der Schleife: Leiter—Erde $z_0$ ist der Impedanz: Leiter—Leiter nahezu gleich, allerdings unter der Voraussetzung, daß der Übergangswiderstand an der Schlußstelle nicht allzu hohe Werte annimmt. Die Impedanzrelais laufen dann bei Doppelerdschluß praktisch mit der gleichen Arbeitszeit wie bei zweipoligem Kurzschluß.

### d) Erdkurzschluß.

Unter Erdkurzschluß versteht man die Durchbrechung der Isolation zwischen zwei oder drei Polen und Erde am gleichen Ort. Stromverlauf und Spannungsverteilung sind bei Erdkurzschluß die gleichen wie bei Kurzschluß. Die Übergangswiderstände zwischen den Leitern und Erde an der Kurzschlußstelle können mitunter sehr groß sein, insbesondere, wenn die Leiter auf Sandboden, Schnee oder trockenen Boden fallen (vgl. *1* in Abb. 47). Liegen die Leiter auf Eisentraversen eines Leitungsmastes, so ist der Übergangswiderstand vernachlässigbar klein; führt jedoch die Verbindung von den Leitern zu den Traversen über Lichtbogen, so kann der Gesamtwiderstand an der Kurzschlußstelle wieder sehr hohe Werte annehmen. Die Lichtbogen- und Erdübergangswiderstände sind oft größer als die Leitungswiderstände, gemessen vom Fehlerort bis zum Einbauort der nächsten Relais.

Die zusätzlichen Widerstände (Fehlerwiderstände) lassen sich im voraus nicht bestimmen; man ermittelt sie nach einer Störung durch Rechnungen und Fehlerortmessungen. Nähere Hinweise hierzu siehe im Kapitel O unter 2. Da Erdkurzschlüsse in der Praxis selten vorkommen, nimmt man bei der Projektierung auf sie gewöhnlich keine Rücksicht, auch wenn Impedanzrelais vorgesehen werden.

Im folgenden werden zwei Formeln zur Ermittlung der Sekundärimpedanz bei Erdkurzschluß gebracht, welche die zusätzlichen Wider-

---

[1]) Vgl. a. H. Buchholz, Archiv für Elektr. 21 (1928), S. 106.

stände berücksichtigen und, wie schon oben angedeutet, lediglich für Nachprüfungen Wert haben.

Die Übergangswiderstände an der Erdkurzschlußstelle, wie Lichtbogenwiderstand und Erdübergangswiderstand, sind wesentlich Wirkwiderstände und müssen in der Schleifenimpedanz entsprechend berücksichtigt werden. Sie sind nachstehend zu einem resultierenden Widerstand $r'$ zusammengefaßt.

Die wirksame Sekundärimpedanz ist für die Schleife bei zweipoligem Erdkurzschluß

$$z_2^{\mathrm{II}} = c \, \sqrt{(2\,r_1 + r')^2 + (2\,x_1)^2} \quad \ldots \ldots \ldots (33)$$

bei dreipoligem Erdkurzschluß

$$z_2^{\mathrm{III}} = c \cdot \sqrt{3} \cdot \sqrt{(r_1 + r')^2 + x_1^2} \quad \ldots \ldots \ldots (34)$$

Dabei bedeuten:

$x_1$ ($\Omega$) Reaktanz je Leiter;

$r_1$ ($\Omega$) Wirkwiderstand je Leiter;

$c = \dfrac{\ddot{u}_i}{\ddot{u}_u}$ Meßfaktor, gegeben durch die Wandler-Übersetzungsverhältnisse.

In Abb. 47 ist unter *2* ein Kurzschluß mit Erdberührung angedeutet, der sich vom Erdkurzschluß *1* dadurch unterscheidet, daß der Kurzschlußstrom unmittelbar von Leiter zu Leiter metallisch oder gegebenenfalls über Lichtbogen seinen Weg nimmt. In Kabelnetzen ist diese Art von Kurzschlüssen vorherrschend. Da die Kurzschlüsse mit Erdberührung gegenüber denen ohne Erd-

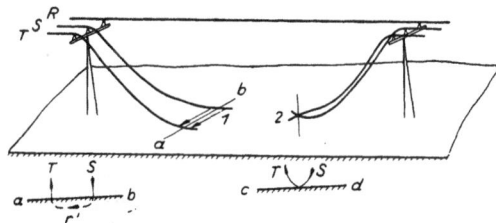

*a b* Schnitt durch die Erdkurzschlußstelle,
*1* Erdkurzschluß,
*2* Kurzschluß mit Erdberührung,
*r'* Gesamter Übergangswiderstand an der Fehlerstelle.
Abb. 47. Drehstromleitung mit Leiterbruch in zwei Phasen.

berührung keine zusätzlichen Übergangswiderstände aufweisen, so werden sie von den Impedanzrelais genau so erfaßt wie gewöhnliche zwei- und dreipolige Kurzschlüsse.

### e) Einpoliger Kurzschluß.

In Netzen mit kurzgeerdetem Systemnullpunkt führt die Durchbrechung der Isolation gegen Erde zu einem einpoligen Kurzschluß (Abb. 48). Die treibende Spannung ist dabei die Sternspannung bzw. die Phasenspannung. Beim einpoligen Kurzschluß hat man hinsichtlich des Stromverlaufs und der Spannungsverteilung praktisch die gleichen Verhältnisse wie bei Doppelerdschluß[1]) in Netzen mit isoliertem System-nullpunkt (vgl. auch Abb. 45). Die Primärimpedanz und die Sekundär-impedanz der Kurzschlußschleife: Leiter—Erde errechnen sich dabei ähnlich wie beim Doppelerdschluß. Die Formel für die Sekundärimpe-danz lautet auch hier

$$z_2^{\mathrm{I}} = c \sqrt{(r_1 + r_L + r_{\ddot{u}} + r_e)^2 + x_0{}^2} = c \cdot z_0. \quad \ldots \ldots (35)$$

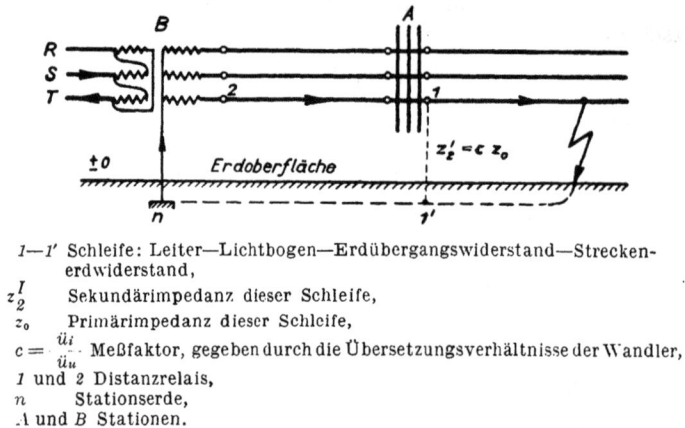

1—1′ Schleife: Leiter—Lichtbogen—Erdübergangswiderstand—Strecken-erdwiderstand,

$z_2^{\mathrm{I}}$    Sekundärimpedanz dieser Schleife,

$z_0$    Primärimpedanz dieser Schleife,

$c = \dfrac{\ddot{u}_i}{\ddot{u}_u}$ Meßfaktor, gegeben durch die Übersetzungsverhältnisse der Wandler,

1 und 2 Distanzrelais,

$n$    Stationserde,

A und B Stationen.

Abb. 48. Einpoliger Kurzschluß in einem Leitungsabzweig. Der Systemnullpunkt ist kurzgeerdet.

Die Erklärung der einzelnen Formelgrößen ist bei Gleichung (30) angegeben. Da der einpolige Kurzschluß in kurzgeerdeten Netzen als meist vorkommende Fehlerart gilt, so ist die Auslegung der widerstands-abhängigen Relais mehr dieser Fehlerart anzupassen. Auch hier muß den Relais wie beim Doppelerdschluß die Schleifenspannung $u_0$ und der Phasenstrom $i$ zugeführt werden. Bei zwei- und drei-poligen Kurzschlüssen werden die Relais ähnlich wie in Netzen mit nicht kurzgeerdetem Nullpunkt an ihre zugehörige verkettete Spannung gelegt.

Setzt man den Lichtbogenwiderstand $r_L$ und den Erdübergangs-widerstand $r_{\ddot{u}}$, die im voraus ja nie bestimmt werden können, gleich Null, so ergibt sich für den einpoligen Kurzschluß eine Sekundärimpe-danz von

$$z_2^{\mathrm{I}} = c \sqrt{(r_1 + r_e)^2 + x_0{}^2}, \quad \ldots \ldots \ldots (36)$$

d. h. die Schleifenimpedanz ist bei einpoligem Kurzschluß unter Ver-nachlässigung der Lichtbogen- und Erdübergangswiderstände praktisch gleich der Schleifenimpedanz bei zweipoligem Kurzschluß.

---

[1]) Zwischen den beiden Fußpunkten.

### f) Einfacher Erdschluß.

In Netzen mit nicht geerdetem Systemnullpunkt treten an Stelle von einpoligen Kurzschlüssen einfache Erdschlüsse auf, die bei Erdstromkompensation ungefährlich sind. Eine Ausnahme bildet der sehr seltene Fall, daß bei Erdschluß einer Phase gleichzeitig der Nullpunkt eines Speisetransformators gegen Erde durchschlägt.

### 4. Sekundärreaktanz.

Will man die Sekundärreaktanz für die Schleifen der besprochenen Fehlerarten ermitteln, so sind in den entsprechenden Formeln die Wirkwiderstände (Wirkwiderstand der Leiter, Lichtbogenwiderstand, Erdübergangswiderstand) wegzulassen. Die Sekundärreaktanz für die Schleife ist demnach bei zweipoligem Kurzschluß

$$x_2^{\mathrm{II}} = \frac{\ddot{u}_i}{\ddot{u}_u} \cdot 2\,x_1, \quad \ldots \ldots \ldots \ldots \quad (37)$$

bei dreipoligem Kurzschluß

$$x_2^{\mathrm{III}} = \frac{\ddot{u}_i}{\ddot{u}_u} \cdot \sqrt{3} \cdot x_1, \quad \ldots \ldots \ldots \quad (38)$$

worin $x_1$ die Primärreaktanz je Leiter in Ohm bedeutet.

Reaktanzrelais werden nur in Hochspannungs-Freileitungsnetzen angewendet, siehe auch Kapitel D unter 4.

### 5. Sekundärresistanz.

Bei der Ermittlung der Sekundärresistanz einer Schleife läßt man den Blindwiderstand weg. Die Formeln lauten:

Für den zweipoligen Kurzschluß

$$r_2^{\mathrm{II}} = \frac{\ddot{u}_i}{\ddot{u}_u} \cdot 2\,r_1, \quad \ldots \ldots \ldots \ldots \quad (39)$$

für den dreipoligen Kurzschluß

$$r_2^{\mathrm{III}} = \frac{\ddot{u}_i}{\ddot{u}_u} \cdot \sqrt{3} \cdot r_1. \quad \ldots \ldots \ldots \quad (40)$$

Sind an der Kurzschlußstelle noch Übergangswiderstände vorhanden (Lichtbogenwiderstände $r_2$, Erdübergangswiderstände $r_{ii}$), so müssen diese mit den Leitungswiderständen $r_1$ algebraisch addiert werden.

Der Verwendungsbereich von Resistanzrelais ist sehr beschränkt, vgl. auch die Ausführungen im Kapitel D unter 4. Man trifft sie nur in ganz wenigen Kabelnetzen an.

# G. Wahl der Zeitkennlinien und Bestimmung der Staffelzeiten.

Die Anregeglieder, Ablaufglieder und Richtungsglieder der widerstandsabhängigen Relais laufen beim Auftreten der im vorhergehenden Kapitel besprochenen Fehler praktisch sofort an und gehen nach teilweiser oder vollständiger Abtrennung des gestörten Anlageteiles bzw. nach Wiedereintritt normaler Betriebsverhältnisse wieder in ihre Anfangslage zurück. Die Zeit zwischen dem Ansprechen (Beginn der Anregung) der Relais und der Betätigung des Auslösekreises heißt Relais-Arbeitszeit. Sie ist am kürzesten, wenn ein Fehler unmittelbar vor der Einbaustelle der Relais auftritt, und nimmt zu mit wachsender Entfernung des Fehlerortes. Die kleinste Laufzeit, bedingt durch die Eigenzeit der Relaisglieder, wird Grundzeit genannt, die zusätzliche Laufzeit, die durch die Entfernung des Fehlers bzw. durch den Widerstand der jeweiligen Kurzschlußschleife verursacht wird, widerstandsabhängige Laufzeit. Im folgenden werden zunächst Betrachtungen an Distanzrelais mit stetigem Zeitkennlinienverlauf (gewöhnliche Distanzrelais), dann an Distanzrelais mit stufenförmiger Charakteristik (schnellarbeitende Distanzrelais) durchgeführt.

## 1. Distanzrelais mit stetig verlaufenden Zeitkennlinien.
### (Gewöhnliche Distanzrelais.)

Die Grundzeit eines Distanzrelais, die sich innerhalb eines gewissen Bereiches einstellen läßt, ist durch dessen Aufbau bedingt. Sie bewegt sich je nach der vorgenommenen Einstellung oder der bei Störung auftretenden Stromstärke etwa zwischen 0,5 und 2 s. Die Relaisarbeitszeit ist, wie bereits erwähnt, gleich der Grundzeit, wenn sich der Fehler unmittelbar an der Station befindet und die Sekundärimpedanz $z_2 \approx 0$ Ohm ist, d. h. bei metallischem Kurzschluß; aber auch bei abgelegenen Kurzschlüssen kann ein Relais mit der Grundzeit auslösen, sobald einmal die Spannung an den Relaisklemmen ausbleibt (z. B. bei einem Durchbrennen der Sicherungen oder bei einem Drahtbruch im Spannungswandlerkreis).

Die widerstandsabhängige Laufzeit richtet sich nach der Entfernung des Fehlerortes und ist durch die Neigung der Zeitkennlinien gegeben (Abb. 49 bis 53). Sie liegt meistens zwischen 0 und 1 s, Zeitwerte, die sich nur auf den zu schützenden Anlageteil beziehen. Unter einer Zeitkennlinie versteht man die kurvenmäßige Darstellung der Arbeitszeit eines Relais in Abhängigkeit von den sie bestimmenden elektrischen Größen.

Die für eine bestimmte Leitungsstrecke oder für einen Transformator erforderliche Neigung der Relaiszeitkennlinien erhält man, indem man die gewünschte Staffelzeit[1]) von Schalter zu Schalter[2]) ($t_1$) durch die Sekundärimpedanz des zu schützenden Anlageteiles, ebenfalls von Schalter zu Schalter gerechnet, dividiert. Dabei ist zu bemerken, daß die Impedanzrelais je nach der Art ihrer Innen- und Außenschaltung Widerstandswerte von $z_2$, $\sqrt{3} \cdot z_2$ oder $2 \cdot z_2$ erfassen, wobei $z_2$ die Phasenimpedanz (Streckenimpedanz) bzw. bei zweipoligem Kurzschluß die halbe Schleifenimpedanz bedeutet (ausführlicher s. im Kapitel K). Für die Ermittelung der Neigung der Zeitkennlinien ist also jeweils die Kenntnis der zu verwendenden Relaisschaltung notwendig. So ergibt sich z. B. die erforderliche Neigung der Zeitkennlinien für die Schaltungen nach den Abb. 78 und 86 aus der Beziehung

$$\operatorname{tg} \alpha = \frac{t_1}{z_2}. \quad \ldots \ldots \ldots \ldots (41)$$

Diese Beziehung hat dabei für alle Kurzschlußarten Gültigkeit. Für die Schaltung nach Abb. 85 bei der die Distanzrelais bei allen Fehlerarten stets die zweifache Phasenimpedanz messen, erhält man die Neigung der Zeitkennlinie aus der Beziehung

$$\operatorname{tg} \alpha = \frac{t_1}{2 \cdot z_2}. \quad \ldots (41\,\mathrm{a})$$

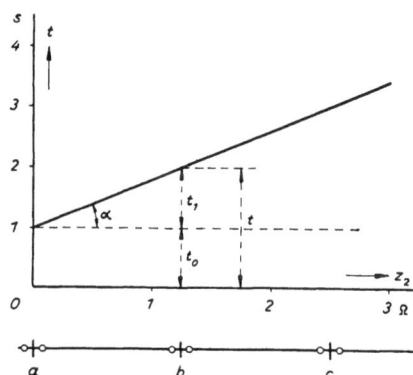

$t_0$ Grundzeit
$t_1$ Staffelzeit bzw. widerstandsabhängige Zeit
$t$ Arbeitszeit des Relais, bezogen auf die Leitungsstrecke $a\,b$
$a, b, c$ Unterwerke

Abb. 49. Prinzipieller Verlauf einer stetigen Zeitkennlinie [Zeichnerische Darstellung der Zeitgleichung (43)].

Bei den Schaltungen nach den Abb. 76 und 83 erfassen die Relais bei drei- und zweipoligen Kurzschlüssen Impedanzwerte, die sich wie $\sqrt{3} : 2$ verhalten. Hier wird die Neigung der Zeitkennlinie für den dreipoligen Kurzschluß durch die Beziehung

$$\operatorname{tg} \alpha = \frac{t_1}{\sqrt{3} \cdot z_2} \quad \ldots (41\,\mathrm{b})$$

festgelegt. Bei zweipoligem Kurzschluß ist die Sekundärimpedanz der Kurzschlußschleife bei gleicher Fehlerentfernung bekanntlich um rd. 16% größer als bei dreipoligem, und somit bei gleicher Neigung der Kennlinie auch die Staffelzeit von Schalter zu Schalter.

Aus Abb. 49 geht hervor, daß

$$\operatorname{tg} \alpha = \frac{t - t_0}{z_2} \quad \ldots \ldots \ldots \ldots (42)$$

[1]) Unter Staffelzeit versteht man den Unterschied der Auslösezeiten hintereinander liegender Relais; sie beträgt gewöhnlich 1 s.
[2]) Vgl. z. B. die Schalter 4 und 6 in Abb. 2.

ist. $\operatorname{tg} \alpha$ gibt hier numerisch die Richtung der Zeitkennlinie an und bedeutet damit auch die Zeitzunahme je Ohm sekundärer Impedanz. In diesem Sinne wird $\operatorname{tg} \alpha$ in der nachstehenden Formel für die Arbeitszeit der Impedanzrelais

$$t = t_0 + \operatorname{tg} \alpha \cdot z_2 = t_0 + \tau \cdot z_2 \quad \ldots \ldots \ldots \quad (43)$$

angewendet, wo

    $t$ (s)         die Arbeitszeit eines Relais,

    $t_0$ (s)        die Grundzeit eines Relais,

    $\tau$ (s/Ohm) die Zeitzunahme je Ohm sekundärer Impedanz,

    $z_2$ (Ohm)   die Sekundärimpedanz (ganz allgemein[1])),

    $\tau \cdot z_2$ (s)   die widerstandsabhängige Zeit

bedeuten.

Die Gleichung für die Arbeitszeit der Reaktanzrelais lautet entsprechend

$$t = t_0 + \operatorname{tg} \alpha \cdot x_2 = t_0 + \tau \cdot x_2, \quad \ldots \ldots \ldots \quad (44)$$

worin $x_2$ ganz allgemein die Sekundärreaktanz des zu schützenden Anlageteiles darstellt. $\tau$ (s/$\Omega$) bedeutet hier die Zeitzunahme je Ohm sekundärer Reaktanz.

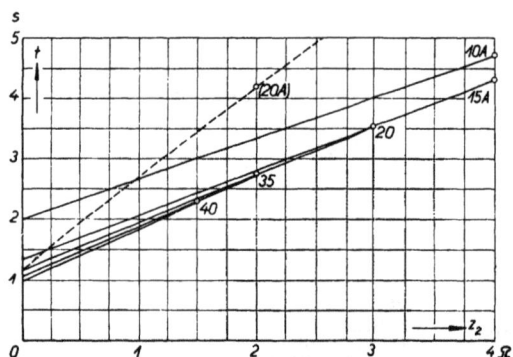

Abb. 50. Zeitkennlinien eines AEG-Impedanzrelais (N-Relais).

Die Gleichung für die Arbeitszeit von Resistanzrelais ergibt sich sinngemäß zu

$$t = t_0 + \operatorname{tg} \alpha \cdot r_2 = t_0 + \tau \cdot r_2 \quad \ldots \quad (45)$$

Im Kurvenblatt Abb. 50 sind die Zeitkennlinien des AEG-Impedanzrelais (N-Relais) aufgezeichnet, von denen jede zu einem bestimmten Stromwert gehört. Sie verlaufen geradlinig, und ihre Neigung gegen die Abszissenachse ist etwas stromabhängig. Die Zeitzunahme beträgt 0,75 s/Ohm sekundärer Impedanz, bezogen auf 20 A. Die gestrichelte Linie stellt eine andere Charakteristik desselben Relais dar, bei der die Zeitzunahme, von der gleichen Grundzeit $t_0 = 1,2$ s ausgehend, doppelt so groß ist, nämlich 1,5 s/Ohm.

Abb. 51 zeigt die Zeitkennlinien des Siemens-Impedanzrelais, die zwar nicht geradlinig verlaufen, jedoch ihren Zweck vollauf erfüllen.

---

[1]) $z_2$ erhält nämlich je nach der zu verwendenden Schaltung die Faktoren 1, $\frac{1}{3}$ oder 2; vgl. auch die Nenner in den Formeln 41, 41a und 41b.

Die Neigung dieser Kennlinien ist in gewissen Grenzen strom- und impedanzabhängig.

In den Abb. 52 und 53 sind die Zeitkennlinien zweier winkelabhängiger Distanzrelais wiedergegeben. Ändert sich im Zuge der Kurzschlußbahn der Leistungsfaktor, so nehmen die Zeitkennlinien derartiger Relais bei gleicher Stromstärke zwangläufig einen anderen Verlauf. Zu der aufgezeichneten Kurvenschar kommen dann noch weitere Kurvenscharen hinzu, und zwar so viel, wie Zeitkennlinien für einzelne Stromstärken vorhanden sind. Durch schaltungstechnische Maßnahmen läßt sich diese Winkelabhängigkeit allerdings in bestimmten Grenzen abschwächen.

Bei einigen Ausführungen von Distanzrelais kann eine Zeitzunahme (Steilheit der Zeitkennlinien) bis zu 15 s/Ohm noch

Abb. 51. Zeitkennlinien eines Siemens-Impedanzrelais ohne Eilkontakt.

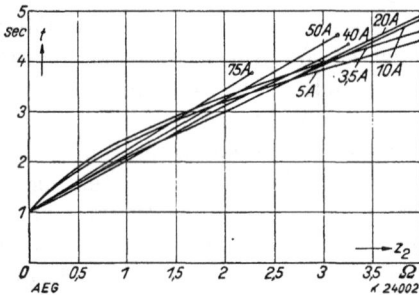

sicher erreicht werden. Die in der Praxis am meisten vorkommenden Werte liegen jedoch zwischen 0,5 und 1,5 s/Ohm.

Um die Arbeitszeiten der Relais möglichst klein zu halten, empfiehlt es sich, die Grundzeit $t_0$ recht tief zu legen. Im allgemeinen ist es

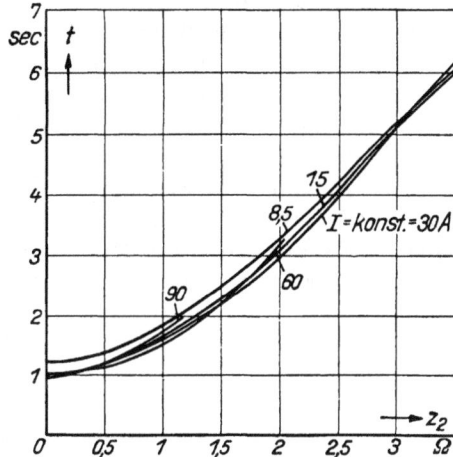

Abb. 52. Zeitkennlinien eines BBC-Distanzrelais für einen bestimmten cos φ.

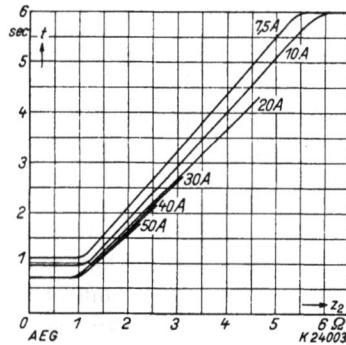

Abb. 53. Zeitkennlinien eines neuen Distanzrelais der AEG für einen bestimmten cos φ.

jedoch in Mittelspannungsnetzen ratsam, die Grundzeit nicht unter 0,5 s festzusetzen, damit der Stoßkurzschlußstrom abklingen kann und die Ölschalter eine geringere Abschaltleistung zu bewältigen haben. Bei einigen Distanzrelais kann die Grundzeit aus konstruktiven Gründen ohnedies nicht unter 0,5 s eingestellt werden, weil ihre Richtungs- und Ablaufglieder diese Zeit zu ihrer endgültigen Einstellung nach eingetretener Störung benötigen. In Höchstspannungsnetzen braucht man bekanntlich auf den Stoßstrom keine Rücksicht zu nehmen, denn der Kurzschlußstrom ist infolge der hohen Netzspannung auch bei großer Kurzschlußleistung an und für sich klein. Bei den schnellarbeitenden Distanzrelais wird hiervon auch Gebrauch gemacht. Diese lösen nämlich in der ersten Zone, wie weiter unten noch ausgeführt wird, praktisch unverzögert aus.

Bei einigen Distanzrelais ist die Grundzeit $t_0$ nahezu stromunabhängig. Bei anderen dagegen ist sie von der Stromstärke merklich abhängig. Es sei hier betont, daß die stromabhängige Grundzeit, sofern sie mit zunehmendem Strom kleiner wird (positive Stromabhängigkeit), bei mehrfach parallelen Leitungen und bei vermaschten Netzen die Selektivität nur günstig beeinflußt. Falsch ist dagegen, wenn die Grundzeit oder überhaupt die Arbeitszeit (bezogen auf gleiche Widerstände) der Relais mit zunehmenden Strömen größer wird, weil dadurch Falschauslösungen zustande kommen können. Man hat es dann mit einer negativen (verkehrten) Stromabhängigkeit zu tun.

Durch Änderung der Grundzeit an einzelnen Relais läßt sich oft die Selektivität eines Netzes verbessern. Denn in manchen Fällen ist es nur durch diese Maßnahme möglich, bei kurzen Leitungsstrecken bzw. bei sehr kleinen Sekundärimpedanzen eine ausreichende Staffelzeit zu gewinnen. Von der »Grundzeit-Verstellung« in einseitig gespeisten Netzen oder Netzteilen macht die Praxis sehr oft Gebrauch. — In vermaschten Netzen oder in Netzen mit vielfach parallelen Leitungen ergibt sich bei Relais mit stromabhängiger Grundzeit die »Grundzeit-Verstellung« jeweils selbsttätig, und zwar unabhängig davon, ob das Netz einseitig oder mehrseitig mit Strom beliefert wird.

In jüngster Zeit erstreben einige Firmen Relaiszeitkennlinien nach der Art, wie in Abb. 54 gezeigt, bei denen nicht nur die Grundzeiten $t_0$, sondern auch die Grenzzeiten $t_p$ einstellbar sind. Die Grundzeiten

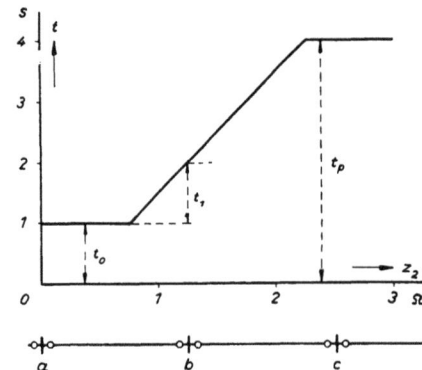

$t_0$ Grundzeit
$t_1$ Staffelzeit bzw. widerstandsabhängige Zeit
$t_p$ Grenzzeit
$a, b, c$ Unterwerke.

Abb. 54. Modifizierte Relaiszeitkennlinie.

sowie die Grenzzeiten erstrecken sich hierbei über eine bestimmte Länge der Leitungen, sie sind hier also nicht an einen festen Impedanzwert gebunden. Die Grenzzeiten haben den Zweck, die Relaisarbeitszeiten nach oben hin zu begrenzen. Falls die Grenzzeitauslösung richtungsabhängig ist, so läßt sich in einseitig gespeisten Netzen eine gegenläufige Grenzzeit-Staffelung herbeiführen. Diese ist in Netzen mit hohen Fehlerwiderständen (Lichtbogenwiderstand, Erdübergangswiderstand) erwünscht, in denen Impedanzrelais oder $\cos \varphi$-abhängige Distanzrelais verwendet werden, da die Fehlerwiderstände mitunter sehr lange Relaislaufzeiten verursachen können. Die Grenzzeiten können bei einigen Distanzrelaisausführungen direkt durch das Ablaufglied erzielt werden, bei anderen dagegen mit Hilfe eines unabhängigen Zeitrelais.

Mit Rücksicht auf die Arbeitszeit der Ölschalter[1]), die im Mittel 0,2 bis 0,3 s beträgt, und auf die Streuung[2]) der Relais von etwa ± 0,1 s soll die Staffelzeit von Schalter zu Schalter im allgemeinen nicht kleiner sein als 0,7 s. (Auf die Arbeitszeiten der Relais und der Hochspannungsschalter, die zusammen die Abschaltzeit ergeben, wird im anschließenden Kapitel noch näher eingegangen). In der Praxis wird die Staffelzeit gewöhnlich mit einer Sekunde festgelegt. Leider gibt es auch Schalter, insbesondere in Höchstspannungsnetzen, mit Arbeitszeiten bis zu einer Sekunde. In Netzen mit solchen Schaltern müssen die Staffelzeiten über 1,0 s, etwa bei 1,5 s liegen.

Die widerstandsabhängigen Relais werden hinsichtlich der Zeitkennlinien für die einzelnen Anlageteile, wie Leitungsstrecken, Transformatoren u. dgl. ausgelegt und bemessen. Es ist Aufgabe des projektierenden Ingenieurs, den Relais die erforderliche Charakteristik vorzuschreiben, die später in der Fabrik durch entsprechende Bemessung der Wicklungen und durch Einstellung der Regulierelemente immer leicht zu erreichen ist. Die Relais können natürlich auch im Betrieb auf andere Zeitkennlinien umgestellt bzw. umgeeicht werden. Da die Widerstandswerte der einzelnen Anlageteile eines Netzes untereinander oft sehr verschieden sind, so würde man bei genauer Anpassung an den jeweiligen Widerstand eine große Anzahl verschiedener Relaischarakteristiken bekommen. Das ist aus mancherlei Gründen unerwünscht. In solchen Fällen hilft man sich durch Beachtung nachstehender Regeln.

Sind die Sekundärimpedanzen der einzelnen Leitungsstrecken eines Ringnetzes in ihrer Größenordnung untereinander nicht sehr verschieden, stehen sie also im Verhältnis nur bis etwa 1 : 2, so empfiehlt es sich, für alle Leitungsstrecken gleiche Relaischarakteristiken zu nehmen. Die sich ergebenden Zeitunterschiede können dann gegebenenfalls durch »Grundzeit-Verstellungen« ausgeglichen werden. Ist jedoch das Ver-

---

[1]) Öllose Schalter (Preßluft- und Wasserschalter) haben kleinere Eigenzeiten.
[2]) Streuung ist die Abweichung der tatsächlichen Arbeitszeit eines Relais vom Sollwert.

hältnis der Sekundärimpedanzen der Leitungsstrecken kleiner als 1 : 2, so wird man, um niedrige und annähernd gleiche Abschaltzeiten zu erhalten, mit zwei oder mehreren Charakteristiken arbeiten, und zwar sieht man für die kürzeren Leitungen — gleiche Wandlerübersetzungen vorausgesetzt — Relais mit steileren Zeitkennlinien vor.

In engvermaschten Netzen genügt im allgemeinen trotz stark voneinander abweichender Leitungsstrecken eine einzige Relaischarakteristik, weil in den gesunden Leitungsstrecken nur je ein Teil des Kurzschlußstromes fließt und weil die Sekundärimpedanzen sich infolge ihrer umgekehrten Proportionalität zu den Strömen selbsttätig erhöhen. Je stärker ein Netz vermascht ist, desto größer sind die Unterschiede zwischen den Sekundärimpedanzen, gemessen von den Relais in den kranken und gesunden Leitungsstrecken und damit auch die Staffelzeiten. Diese Tatsache soll an Hand eines einfachen Beispiels noch näher erläutert werden (Abb. 55).

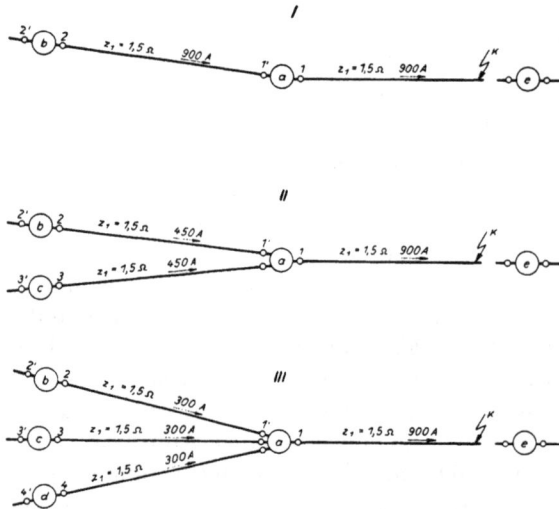

Abb. 55. Einfluß des Netzgebildes auf die Größe der Staffelzeit.

Beispiel: Am offenen Ende der Leitungsstrecke a—e entstehe an der Stelle K ein zweipoliger metallischer Kurzschluß. Die Speisung der Kurzschlußstelle erfolgt nach den drei Netzgebilden I, II und III. Die von den Schaltstationen b, c und d nach der Station a führenden Leitungen können auch als parallele Leitungen betrachtet werden, die von der Sammelschiene einer Station nach a führen. Der resultierende Dauerkurzschlußstrom betrage in allen drei Fällen 900 A. Die Leitungsstrecken seien unter sich gleich und jede weise einen Scheinwiderstand

von 1,5 Ohm je Phase auf. Die Stromwandler sollen ein Übersetzungsverhältnis von 150/5, die Spannungswandler von 10000/100 haben.

Es sind die Staffelzeiten zwischen den Relais *1* und *2*, *1* und *3*, *1*
und *4* für die Fälle *I*, *II* und *III* zu bestimmen. Den Impedanzrelais
seien die Zeitkennlinien nach Abb. 51 zugrunde gelegt.

An den Sammelschienen der Station *a* stellt sich zwischen den kurzgeschlossenen Leitern bei dem angenommenen Dauerkurzschlußstrom von
900 A und der Primärimpedanz je Phase $z_1 = 1,5$ Ohm eine Spannung
von

$$U = 2\,z_1 \cdot I_d = 2 \cdot 1,5 \cdot 900 = 2700 \text{ V}$$

ein. Dem entspricht auf der Sekundärseite eine Spannung von

$$u = \frac{2700 \cdot 100}{10\,000} = 27 \text{ V}.$$

Die Relais *1* führen entsprechend dem Primärstrom von 900 A einen
Sekundärstrom

$$i = I_d \cdot \frac{5}{150} = 900 \cdot \frac{5}{150} = 30 \text{ A},$$

messen eine Sekundärimpedanz in der Kurzschlußschleife von

$$z_2^{II} = \frac{27}{30} = 0,9 \, \Omega$$

und betätigen ihren Auslösestromkreis in

$$t_1 = 1,5 \text{ s}.$$

Im Falle *I* führen die Relais *2* einen Strom von

$$i = 30 \text{ A},$$

erhalten zwischen den kurzgeschlossenen Phasen eine Spannung von

$$u = 54 \text{ V},$$

messen in der Kurzschlußschleife eine Sekundärimpedanz von

$$z_2^{II} = 1,8 \, \Omega$$

und würden ihren Auslösestromkreis in

$$t_2 = 2,7 \text{ s}$$

schließen.

Im Falle *II* sind die entsprechenden Werte für die Relais 2 und 3:

$$i = 15 \text{ A},$$
$$u = 40,5 \text{ V},$$
$$z_2^{II} = 2,7 \, \Omega,$$
$$t_2 = t_3 = 4,5 \text{ s}.$$

Im Falle *III* ist für die Relais *2, 3* und *4*

$$i = 10\,\text{A}$$
$$u = 36\,\text{V},$$
$$z_2^{\text{II}} = 3,6\,\Omega,$$
$$t_2 = t_3 = t_4 = 6,5\,\text{s}.$$

Demnach beträgt die Staffelzeit
im Falle *I*

$$t = t_2 - t_1 = 2,7 - 1,5 = 1,2\,\text{s},$$

im Falle *II*

$$t = t_2 - t_1 = t_3 - t_1 = 4,5 - 1,5 = 3\,\text{s},$$

im Falle *III*

$$t = t_2 - t_1 = t_3 - t_1 = t_4 - t_1 = 6,5 - 1,5 = 5\,\text{s}.$$

Das Beispiel lehrt deutlich, daß die Staffelzeit widerstandsabhängiger Relais mit zunehmender Vermaschung
der Netze sich selbsttätig, und zwar in starkem Maße vergrößert. Diese Eigenschaft des Distanzschutzes wurde hier so ausführlich behandelt, um der noch oft anzutreffenden gegenteiligen Meinung
entgegenzutreten.

## 2. Distanzrelais mit stufenförmigen Zeitkennlinien.
### (Schnellwirkende Distanzrelais.)

In jüngster Zeit wurden von mehreren Firmen schnellarbeitende
Impedanz- und Reaktanzrelais (Schnelldistanzrelais) auf den Markt
gebracht. Diese unterscheiden sich von den gewöhnlichen Distanzrelais

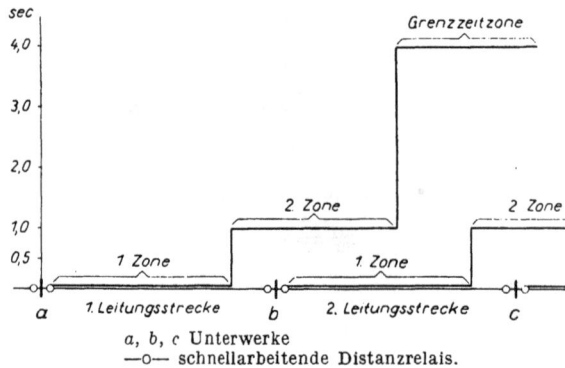

a, b, c Unterwerke
—o— schnellarbeitende Distanzrelais.
Abb. 56. Prinzipieller Verlauf stufenförmiger Zeitkennlinien.

im wesentlichen dadurch, daß ihre Ablaufzeiten nicht stetig mit der
Impedanz oder Reaktanz der Kurzschlußschleife anwachsen, sondern
stufenförmig[1] (Abb. 56). Hauptzweck dieser Maßnahme ist, die Re-

[1] Erfinder: P. Ackerman, J. Engng. Inst. Canada 1922, Nr. 12.

laisarbeitszeiten möglichst weit herabzudrücken. Die Zeitkennlinien werden hierbei gewöhnlich so ausgelegt, daß die Relais bei Fehlern innerhalb des größten Teils (60—90%) der zu schützenden Leitungsstrecke mit der Laufzeit der ersten Stufe, innerhalb des Restes dieser Leitungsstrecke und etwa der Hälfte der angrenzenden Leitungsstrecke mit der Laufzeit der zweiten Stufe arbeiten. Für den Fall, daß ein zuständiges Distanzrelais oder der zu ihm gehörige Hochspannungsschalter aus irgendeinem Grunde nicht auslösen sollte, ist noch eine dritte Stufe, die Reservestufe, vorgesehen (vgl. a. Abb. 57 und 58). — Die schnellarbeitenden Distanzrelais brauchen für eine selektive Auslösung in Maschennetzen, Ringleitungen oder in beiderseitig gespeisten Einfachleitungen natürlich auch Richtungsglieder.

Das Wesen einer stufenförmigen Zeitcharakteristik soll an Hand der Abb. 57 noch näher erläutert werden. In diesem Beispiel ist angenommen, daß die Leitungsstrecke zwischen den Stationen $c$ und $d$ in $d$ offen sei, so daß eine Energielieferung nur über $a$ nach $b$ und $c$ erfolgen kann.

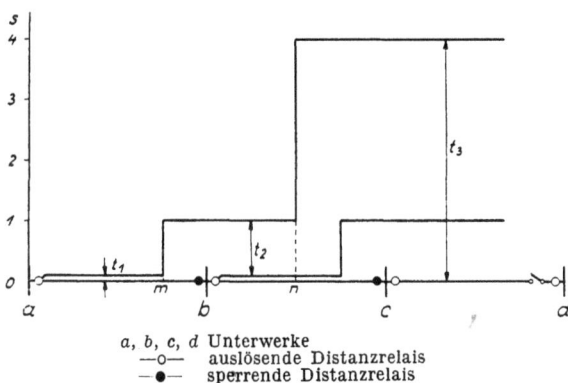

a, b, c, d Unterwerke
—o— auslösende Distanzrelais
—●— sperrende Distanzrelais

Abb. 57. Prinzipieller Verlauf der Zeitkennlinien schnellarbeitender Distanzrelais.

Tritt nun zwischen der Station $a$ und dem Leitungspunkt $m$ ein Kurzschluß auf, so löst das Relais oder die Relaiseinrichtung in $a$ mit der Zeit $t_1$, d. h. praktisch momentan aus. Liegt hingegen der Fehler zwischen $m$ und $n$, so erhält das Relais in $a$ die Zeitverzögerung $t_2$. Bei einem Fehler zwischen $b$ und $n$ kommt dem Relais in $a$ das zuständige Relais in $b$ mit der kürzeren Zeit $t_1$ zuvor. Das Relais in $a$ geht nach vollzogener Abschaltung in $b$ ohne auszulösen wieder in seine Ruhelage zurück. Liegt jedoch der Fehler zwischen $m$ und $b$, so löst das Relais in $a$ natürlich mit der Zeit $t_2$ aus. Versagt z. B. bei einem Fehler zwischen $n$ und $c$ das zuständige Relais oder der Hochspannungschalter in $b$, so veranlaßt das Relais in $a$ die Abschaltung mit der Grenzzeit $t_3$. Wäre der Schalter in $d$ (Richtung $c$) geschlossen und würde die Energielieferung lediglich über $d$ nach $c$, $b$ und $a$ erfolgen, so bekäme man dasselbe Bild der aufgezeichneten Zeitcharakteristik mit dem Unterschied, daß die Stufenzeiten von *d* nach *a* zunehmen würden.

Die Relaisarbeitszeit $t_1$ (erste Zone) kann nicht für die ganze Leitungstrecke *a—b* gewählt werden, weil sonst bei ungenauer Einstellung und größerer Streuung der Relais die Auslösezeiten in *a* und *b* kollidieren könnten; es sei denn, daß besondere Hilfsmaßnahmen, wie am Ende des Kapitels H angegeben, getroffen werden.

Die Distanzrelais mit stufenförmiger Charakteristik besitzen je Phase meistens zwei Meßsysteme, von denen das eine bei Fehlern in der ersten Zone mit einer Arbeitszeit von 0,02—0,2 s auslöst, das andere dagegen in der zweiten Zone erst nach 0,7—1 s mit Rücksicht auf die durch die Schaltereigenzeit bedingte Staffelzeit. Dem zweiten Meßsystem wird dabei ein Zeitelement zugeordnet (vgl. Abb. 58), das die

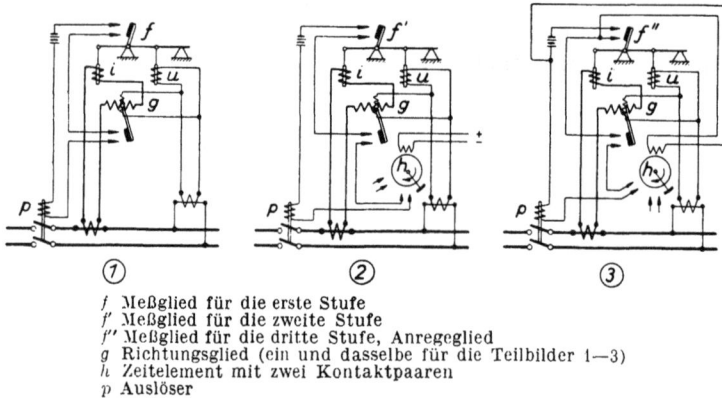

*f* Meßglied für die erste Stufe
*f'* Meßglied für die zweite Stufe
*f''* Meßglied für die dritte Stufe, Anregeglied
*g* Richtungsglied (ein und dasselbe für die Teilbilder 1—3)
*h* Zeitelement mit zwei Kontaktpaaren
*p* Auslöser

Abb. 58. Schematische Darstellung eines Schnell-Impedanzschutzes (einphasig).
Die Meßglieder kippen bei Unterschreitung des Kipp-Impedanzwertes.

Auslösung des Schalters bei Fehlern in der zweiten Zone mit der gewünschten Verzögerung vollzieht. Dieses Zeitelement löst außerdem im Notfalle als Reservesystem mit einer einstellbaren Grenzzeit von 1,5 bis 6 s aus (Grenzzeitzone).

Die Betätigung des Zeitelementes erfolgt gewöhnlich durch das zuständige Anregeglied, das man beim Schnelldistanzschutz für Höchstspannungsanlagen ebenfalls als Unterimpedanz- oder Unterspannungs-Anregeglied, in Mittelspannungsnetzen als Überstrom-Anregeglied wählen wird.

In Abb. 58 ist die Wirkungsweise des Schnell-Impedanzschutzes schematisch dargestellt (vgl. auch die komplette Schaltung in Abb. 86a). Die Teilbilder 1—3 sind nur für eine Phase eines Drehstrom-Leitungsendes (Hochspannungsschalter) gedacht. Bei einem Kurzschluß zwischen *a* und *m* in Abb. 57 kippen die Meßglieder *f* und *f'* sowie das Anregeglied *f''* unverzögert (s. auch Kapitel D unter 1). Das Richtungsglied $g$, das für alle drei Teilbilder ein und dasselbe ist, schließt bei abfließender Fehlerenergie seinen Kontakt. Die Auslösung erfolgt gemäß Teilbild 1 praktisch unverzögert. Liegt der Fehler rechts von $m$, so kann das Meßglied $f$ in Teilbild 1 nicht mehr kippen, weil sein größter Kipp-Impedanzwert überschritten ist. Das einzige Zeitelement $h$, das vom Anregeglied $f''$ in Tätigkeit gesetzt wird, schließt den Auslösekreis gemäß Teilbild 2 erst in etwa einer Sekunde. Die Abschaltung würde in $a$ bei Fehlern zwischen $m$ und $n$ also mit der Zeit $t_2$ gemäß Teilbild 2 erfolgen. Bei einem Kurzschluß rechts von $n$ kann in $a$ nur noch das Anregeglied $f''$ kippen. Die Auslösung erfolgt dann nach Teilbild 3 mit der Grenzzeit $t_3$. Hierbei ist angenommen, daß bei Fehlern auf den Leitungsstrecken $b$—$c$ und $c$—$d$ die zuständigen Relais in $b$ und $c$ aus irgendeinem Grunde nicht auslösen. Die Kipp-Impedanzwerte der Relaisglieder $f$, $f'$ und $f''$ für die einzelnen Zonen sind aus Abb. 59 ersichtlich. Das Anrege-

glied $f''$ kippt hier noch bei etwa 14 Ohm Sekundärimpedanz, entsprechend 7 A und 100 V (volle Nennspannung).

Es gibt Schnell-Reaktanzrelais, bei denen sogar nur mit einem Meßglied und einem Zeitwerk die stufenförmige Charakteristik nach Abb. 57 erzielt wird. Das einzige Meßglied vergleicht die zu erfassende Größe des Blindwiderstandes innerhalb der ersten beiden Zonen mit einem bestimmten Kippwert $x_2'$, der

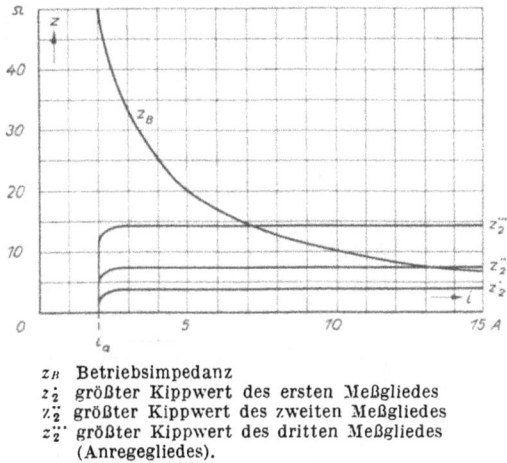

$z_B$  Betriebsimpedanz
$z_2'$  größter Kippwert des ersten Meßgliedes
$z_2''$  größter Kippwert des zweiten Meßgliedes
$z_2'''$ größter Kippwert des dritten Meßgliedes
(Anregegliedes).

Abb. 59. Ansprechkennlinien eines Schnell-impedanzrelais.

dem gesamten Blindwiderstand der ersten Zone entspricht (vgl. Punkt $m$ in Abb. 57). Liegt der gemessene Wert unter dem Kippwert $x_2'$, so arbeitet das Relais mit der Zeit der ersten Stufe; wird der Kippwert erreicht oder überschritten, so ändert das Zeitwerk, das vom Anregeglied des Reaktanzrelais in Gang gesetzt wird, stetig die Widerstände im Spannungskreis (induktive, kapazitive oder Ohmsche) und mithin die Einstellung des Blindwiderstand-Meßgliedes (vgl. z. B. Abb. 26).

Bei dem bisher besprochenen Schnell-Distanzschutz arbeiten (kippen) die Meßglieder erst bei Unterschreitung des jeweilig eingestellten Meßwertes (z. B. Kipp-Impedanzwertes). Im folgenden wird kurz gezeigt, daß dieselben Resultate auch durch Anwendung von Meßgliedern erzielt werden können, die erst bei Überschreitung des eingestellten Kipp-Meßwertes arbeiten.

Die Wirkungsweise eines solchen Schutzsystemes geht aus der einphasigen Prinzipschaltung nach Abb. 59a deutlich hervor. Hier sind das Richtungsglied $b$, die Impedanz-Meßglieder $c$ und $d$, ferner das Zeitwerk $e$ (Zeitrelais mit 3 Kontaktpaaren) im Normalbetrieb spannungslos; sie werden durch das Anregeglied $a$ erst bei einer Störung an Spannung gelegt. Diese Spannungszuschaltung erfolgt für $b, c, d$ und $e$ gleichzeitig und unverzögert. Tritt ein Kurzschluß in der ersten Zone auf ($z_2 < z_2'$), so erfolgt die Auslösung durch das Richtungsglied $b$ über die Ruhekontakte der Meßglieder $c$ und $d$ und den Arbeitskontakt 1

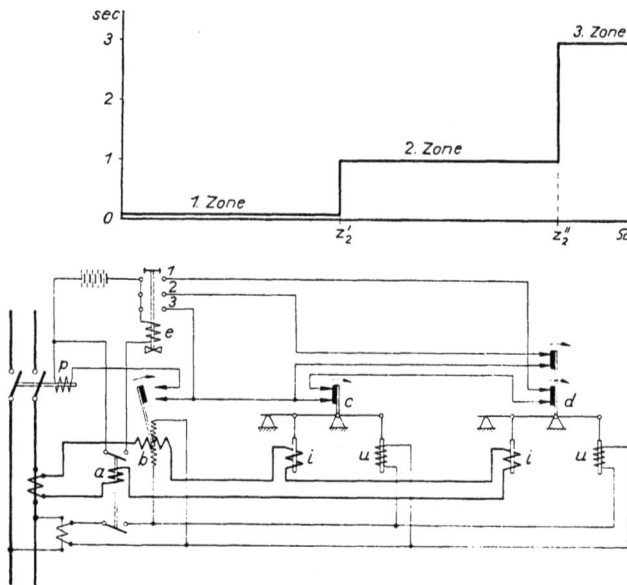

a Überstrom-Anregeglied, b Richtungsglied, c u. d Meßglieder, e Zeitwerk mit drei Kontaktpaaren.

Abb. 59a. Prinzipschaltung eines Schnell-Impedanzschutzes in einphasiger Darstellung. Die Meßglieder kippen bei Überschreitung des Kipp-Impedanzwertes. Siehe auch Abb. 144.

des Zeitwerkes $e$. Bei einem Kurzschluß in der zweiten Zone ($z_2 > z_2'$) kippt das Impedanz-Meßglied $c$ nach der rechten Seite, öffnet dadurch seinen Kontakt, und die Auslösung erfolgt über den Kontakt des Richtungsgliedes, über den oberen Kontakt des Meßgliedes $d$ und und über den Kontakt 2 des Zeitwerkes. Liegt der Fehler in der dritten Zone ($z_2 > z_2''$), so kippen beide Meßglieder und öffnen ihre Kontakte. Die Auslösung erfolgt dann über den Kontakt des Richtungsgliedes und den Kontakt 3 des Zeitwerkes. Die Fehler werden also innerhalb der ersten Zone vom Richtungsglied, innerhalb der zweiten Zone vom Meßglied $c$ und innerhalb der dritten Zone vom Meßglied $d$ überwacht bzw. erfaßt. Dabei ist zu beachten, daß diese drei Glieder zu einem Relais gehören, das ein und denselben Schalter steuert.

Auch bei diesem Schutzverfahren hat der wechselnde Lichtbogenwiderstand keinen Einfluß auf die Impedanzmessung, vgl. auch die Ausführungen auf S. 140 und 168. Der Einfluß des Gleichstromgliedes vom Stoßkurzschlußstrom auf die Impedanzmessung kann bei beiden Verfahren durch verschiedene Mittel leicht beseitigt werden.

Man kann den Schnelldistanzschutz auch so kombinieren, daß der eine Teil der Meßglieder einer Phase impedanzabhängig, der andere dagegen reaktanzabhängig ist. Die Charakteristiken einer solchen Schutzeinrichtung sind aus Abb. 60 ersichtlich. Das Meßglied der zweiten Stufe ist hier begrenzt-reaktanzabhängig (vgl. Abb. 27), zu dem Zwecke, den Einfluß des Lichtbogenwiderstandes innerhalb eines bestimmten Winkelbereiches ($\varphi'$) zu begrenzen. Das Meßglied der ersten Stufe ist impedanzabhängig, denn hier erfolgt die Auslösung schon nach wenigen Halbperioden, in einer Zeit, bei der der Lichtbogenwiderstand noch sehr klein ist (s. a. Kapitel N). Das Anregeglied (dritte Meßstufe) wird aus den in Kapitel C unter 4 angeführten Gründen niemals reaktanzabhängig ausgeführt.

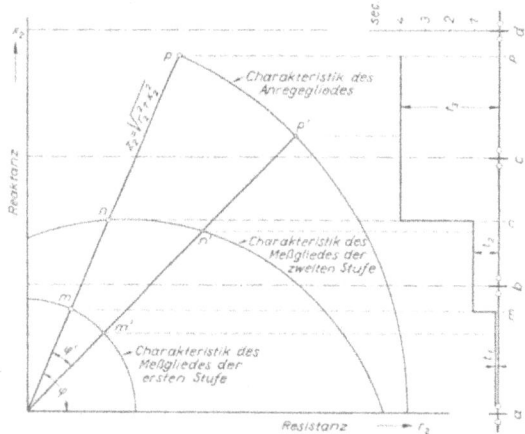

$\varphi$ Impedanzwinkel der Leitungen (satter Kurzschluß).

Abb. 60. Charakteristiken eines Schnell-Distanzschutzes, bei dem die Meßglieder der 1. und 3. Stufe impedanzabhängig, das Meßglied der 2. Stufe begrenzt reaktanzabhängig ist.

Die Charakteristiken zeigen außerdem die Verschiebung der Kipp-Punkte $m$, $n$ und $p$ in Richtung der Station $a$ auf den Fehlerstrecken, hervorgerufen durch zusätzliche Fehlerwiderstände (Lichtbogenwiderstände, Erdübergangswiderstände u. dgl.). Auf die Vor- und Nachteile von Impedanz- und Reaktanzmeßgliedern schnellwirkender Distanzrelais wird in Kapitel N noch näher eingegangen.

Außer den schnellwirkenden Distanzrelais mit ausgesprochen stufenförmiger Charakteristik gibt es auch solche, deren Zeitkennlinien ein Mittelding zwischen stufenförmiger und stetig verlaufender Charakteristik darstellen. Es handelt sich hierbei um Impedanzrelais mit stetigem Zeitkennlinienverlauf in Verbindung mit Balance-Schnellimpedanzrelais. Die Zeitkennlinien der Balancerelais werden den Zeitkennlinien der gewöhnlichen Impedanzrelais überlagert, so daß im Endeffekt eine annähernd stufenförmige Zeitkennlinie zustande kommt (Abb. 61).

Die kurzen Auslösezeiten der schnellarbeitenden Distanzrelais verhüten bzw. erschweren das Außertrittfallen der Maschinen[1]. Sie bedingen anderseits aber, daß die Schalter in den Stichleitungen und mitunter in den über Transformatoren angeschlossenen Netzen ebenfalls mit so kleinen Relaiszeiten ausgelöst werden. Andernfalls muß dafür gesorgt werden, daß bei Kurzschluß in den nachgeordneten Netzen die schnellarbeitenden Distanzrelais des vorgeordneten Netzes entweder überhaupt nicht anlaufen (un-empfindliches Ansprechen!) oder in der dritten Zone auf sehr hohe Grenzzeiten eingestellt werden (3—6 s).

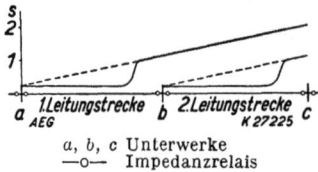

a, b, c Unterwerke
—o— Impedanzrelais

Abb. 61. Prinzipieller Verlauf der Impedanzrelais-Zeitkennlinien mit teils stetigem, teils stufenförmigem Charakter.

Distanzrelais mit stufenförmiger Charakteristik sind im allgemeinen anpassungsfähiger an die jeweiligen Netzverhältnisse als Distanzrelais mit stetigen Zeitkennlinien.

## H. Abschaltzeit und ihre Zusammensetzung.

Seit mehreren Jahren werden die Wünsche der Elektrizitätswerke nach kurzen Abschaltzeiten, möglichst nur bis zu 2 s, immer häufiger. Durch kurze Zeiten will man in der Hauptsache das Außertrittfallen der Generatoren, Umformer, Motoren u. dgl. vermeiden. In vielen Netzen lassen sich durch Distanzrelais mit stetigem Zeitkennlinienverlauf (gewöhnliche Distanzrelais) derartige Zeiten erreichen[2]. Leider sind jedoch hierfür nicht allein die Arbeitszeiten der Distanzrelais maß-gebend, sondern oft auch die Arbeitszeit der Ölschalter.

### 1. Gewöhnliche Distanzrelais.

Die Arbeitszeit der Distanzrelais mit stetigem Zeitkennlinien-verlauf setzt sich, wie schon im vorhergehenden Kapitel erwähnt wurde, im wesentlichen aus der Grundzeit und der widerstandsabhängigen Lauf-zeit zusammen. In der Grundzeit ist die Ansprechzeit (Eigenzeit) des Anregegliedes mit einbegriffen, die, wie Messungen zeigen, 1 bis 20 Halbperioden bei 50 Hz betragen kann. Bei den Überstrom-Anrege-gliedern der Tauchankerbauart (Abb. 5) beträgt z. B. die Ansprechzeit nach den Oszillogrammen Abb. 63 und 64

---

[1]) Siehe auch Kapitel P.
[2]) Über die Arbeitszeiten schnellarbeitender Distanzrelais mit stufenförmiger Charakteristik wird am Schlusse des Kapitels die Rede sein.

bei 40 A . . . . . . .     1,5 Halbperioden
» 8 A . . . . . . .     4     »
» 6 A . . . . . . . etwa 20     »

Der letzte Wert entspricht 0,2 s. Andere Ausführungen von Anregegliedern arbeiten manchmal noch träger, insbesondere die nach dem Induktionsprinzip. Die Ansprechzeit der Anregeglieder hat somit einen gewissen Einfluß auf die Größe der Relaisgrundzeit und mithin auch auf die Relaisarbeitszeit.

Die Distanzrelais haben, wie bekannt, bei einer bestimmten Einstellung bzw. bei einem bestimmten Fehler im Netz nicht immer die gleiche Ablaufzeit, sondern weisen Abweichungen von den Sollwerten auf, die bis zu $\pm$ 0,2 s betragen können (Streuband = 0,4 s). Ist die Streuung positiv, so erhöht sich die Relaislaufzeit um den Betrag des Streuungswertes. Addiert man nun für einen satten Kurzschluß am Ende der Leitung die folgenden Relaislaufzeitwerte:

0,2 s höchste Ansprechzeit des Anregegliedes⎫ gesamte Grundzeit,
1,0 s eigentliche Grundzeit des Ablaufgliedes⎭
1,0 s angenommene Staffelzeit von Distanzrelais zu Distanzrelais,
0,2 s positive Streuung eines Distanzrelais,

so ergibt sich schon eine Arbeitszeit der Relais von 2,4 s. Hierzu addiert sich noch die Arbeitszeit des Ölschalters, die sich aus der Auslösereigenzeit und der Schaltereigenzeit zusammensetzt und 0,1 bis 0,7 s betragen kann. Nun muß in Ringnetzen und bei parallelen Leitungen in der Regel auch der zweite Ölschalter des gestörten Anlageteiles zur Abschaltung kommen. Wenn die Distanzrelais der beiden Ölschalter gleichzeitig anlaufen, was meistens auch geschieht, dann ergibt sich eine Abschaltzeit von etwa 2 s. Sprechen jedoch die Anregeglieder der Relais nicht gleichzeitig an, z. B. bei stark unsymmetrischer Lage des Fehlers zur Stromquelle, wie in Abb. 62 angedeutet, so kommt eine Addition der Auslösezeiten zustande. Hier setzen die Anregeglieder der Relais am Ölschalter 2 ihre Ablaufglieder erst nach dem Auslösen des Ölschalters 1 in Tätigkeit. Dabei ist es ohne Einfluß, ob Überstrom- oder Unterimpedanz-Anregeglieder verwendet werden. Die Abschaltzeit in diesem Beispiel beträgt, wenn die Grund- und Staffelzeiten mit je 1 s festgelegt sind und die Arbeitszeiten der Ölschalter 1 und 2 einschließlich der Löschzeit des Lichtbogens in Öl mit je 0,2 s angenommen werden, rund

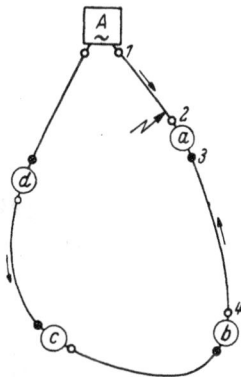

$$t = t_1 + t_2 = (t_1' + t_1'') + (t_2' + t_2'') = (2 + 0{,}2) + (1 + 0{,}2) = 3{,}4\,\text{s}.$$

Abb. 62. Unsymmetrische Lage der Fehlerstelle zur Stromquelle.

Hierin bedeuten:

$t_1$ die Auslösezeit am Ölschalter *1*,

$t_2$ die Auslösezeit am Ölschalter *2*,

$t_1'$ die Arbeitszeit eines Relais am Ölschalter *1*, bestehend aus Grund- und Ablaufzeit von je 1 s,

$t_1''$ die Arbeitszeit des Ölschalters *1* einschließlich Lichtbogenlöschzeit,

$t_2'$ die Arbeitszeit eines Relais am Ölschalter *2* mit der Grundzeit von 1 s,

$t_2''$ die Arbeitszeit des Ölschalters *2* einschließlich Lichtbogenlöschzeit.

Die Anrege- und Streuzeiten wurden hier der Einfachheit halber vernachlässigt. Ein ähnliches Beispiel wird in dem Buch des Verfassers »Selektivschutzeinrichtungen für Hochspannungsanlagen« in Abschnitt F ausführlich besprochen.

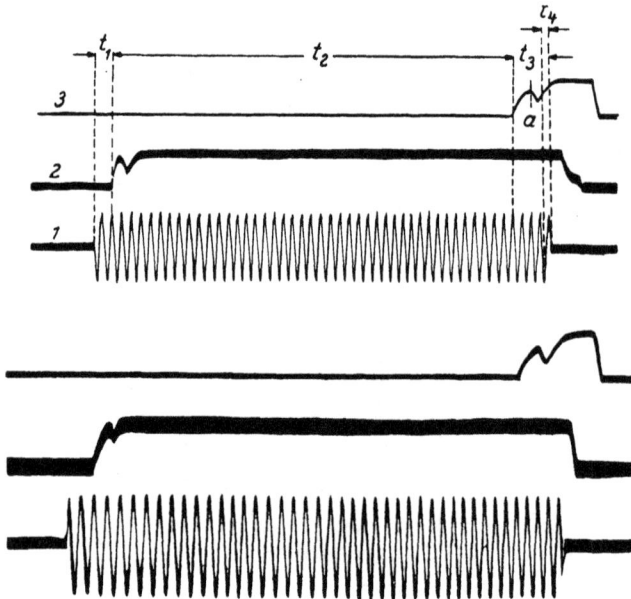

Abb. 63. Abschaltzeit-Oszillogramme.

Bei einem Kurzschluß an den Sammelschienen der Unterstation *a* in Abb. 62 würde die Abschaltzeit unter den gleichen Voraussetzungen wie im vorhergehenden Beispiel sogar 4,4 s betragen, da die volle Staffelzeit der Relais am Ölschalter *4* in Höhe von 1 s hinzukommt. Tritt dagegen ein Kurzschluß an einer Sammelschiene auf, welcher der Fehlerstrom über mehrere Leitungen von verschiedenen Richtungen zufließt, dann wird die Abschaltzeit noch größer, wenn die einzelnen Auslösezeiten sich addieren. Kürzere Abschaltzeiten ergeben sich in solchen Fällen durch Verwendung von Unterspannungs-Anregegliedern, die bei genügend zusammengebrochener Spannung auch bei den kleinsten Strömen die Ablaufglieder in Gang setzen. Durch Verringerung der Relaisgrundzeit läßt sich die Abschaltzeit natürlich auch verkleinern. Aus den vorstehenden Ausführungen geht deutlich hervor, daß Abschaltzeiten von 2 s für eine Netzanlage mit Ringleitungen und parallelen Leitungen nur bedingt zu erreichen sind.

Nachstehend soll an Hand von vier Oszillogrammen und einem Indikatordiagramm (Abb. 66) kurz der zeitliche Verlauf der Vorgänge an unabhängigen Überstromzeitrelais verschiedenen Fabrikates und an einem Ölschalter der Reihe *10* während der Abschaltung gezeigt werden. Sinngemäß lassen sich die Oszillogramme auch auf widerstandsabhängige Relais übertragen. Die Oszillogramme der Abb. 63 zeigen, daß die Überstrom-Anregeglieder (Klappanker- und Tauchanker-Magnetsystem) zweier verschiedener Relais bei 8 A praktisch die gleichen Ansprechzeiten (rund 4 Halbperioden) aufweisen. Aus den Oszillogrammen der Abb. 64 gehen die An-

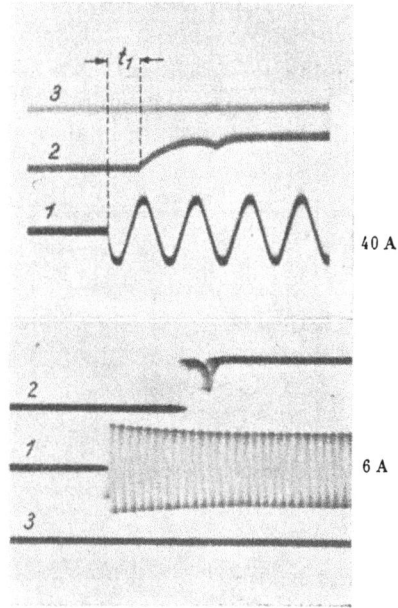

Abb. 64. Ansprechzeit-Oszillogramme (Eigenzeit des Anregegliedes bei 40 und 6 A).

sprechzeiten des Tauchanker-Magnetsystems bei 40 A und bei 6 A hervor. Abb. 65 stellt die Schaltung der Apparate für die Aufnahme der Oszillogramme dar.

In den Oszillogrammen der Abb. 63 ist die Abschaltzeit in die einzelnen Arbeitszeiten der bei der Abschaltung beteiligten Elemente der Relais und des Ölschalters zerlegt. Es bedeuten in ihnen:

*1*   Erregerkreis des Anregegliedes am Relais,

*2*   Erregerkreis des Ablaufgliedes am Relais,

*3*   Erregerkreis des Auslösers am Ölschalter,

$t_1$  Ansprechzeit (Anregezeit),

$t_2$  Ablaufzeit,

$t_3$  Arbeitszeit des Ölschalters (Auslösereigenzeit + Schaltereigenzeit),

$t_4$ Zeit, die der Ölschalter von der Stellung »Ein« bis zur Trennung der Vorkontakte benötigt (vgl. $t_4$ in Abb. 66),

$t_3$ bis $t_4$ Zeit vom Einsetzen der Erregung des Auslösers bis zum Einsetzen der Bewegung der Ölschaltertraverse,

$a$  Entklinkung der Schlüpfkupplung (Schalterschloß).

Die Unterbrechung des Auslösekreises *3* wurde bei den Versuchen durch den Kontakt des Relais-Ablaufgliedes herbeigeführt, 'also nicht durch den Walzenschalter am Ölschalter, sonst wäre sie mit der Unterbrechung im Erregerkreis *1* zeitlich zusammengetroffen.

Aus den Oszillogrammen der Abb. 63 ist ein allmähliches Ansteigen des Stromes beim Einschalten und ein allmähliches Abfallen beim Ausschalten der Erregerkreise *2* und *3* erkennbar. Diese Erscheinung erklärt sich aus dem Einfluß der Induktivität auf die Stromänderung. Bemerkenswert sind ferner die ausgeprägten Zacken im Stromanstieg, die auf die Änderung des Luftspaltes zwischen Joch und Anker beim Erregen der Magnetspulen zurückzuführen sind. Sie verschwinden, wenn man den Luftspalt auf etwa 2 mm verkleinert, und werden mit größerem Luftspalt immer ausgeprägter. (Die Zacken verschwinden auch dann, wenn der Luftspalt konstant gehalten wird, d. h. wenn der Klappanker oder Tauchanker festgeklemmt wird.) Sobald der Strom den ersten Buckel vor dem Abfallen in der Zacke erreicht, fängt der Magnetanker seine Bewegung an, die beim Erreichen der unteren Stromspitze beendet wird. Von da ab setzt wieder der charakteristische langsame Anstieg des Stromes ein. Er erfolgt jetzt langsamer als vor dem Buckel, weil die Induktivität wegen des kleineren Luftspaltes nach dem Eintauchen des Ankers größer geworden ist.

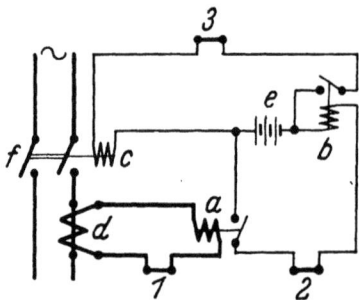

*1* Oszillographenschleife  *c* Auslöser
*2* Oszillographenschleife  *d* Strom-
*3* Oszillographenschleife  wandler
*a* Überstrom-Anregeglied  *e* Batterie
*b* Ablaufglied (Zeitwerk)  *f* Ölschalter
Abb. 65. Schaltung für die Aufnahmen der Oszillogramme der Abb. 63 und 64.

Die Abschaltzeiten dürfen im allgemeinen in Freileitungsnetzen höher sein als in Kabelnetzen, weil jene thermisch weniger gefährdet sind. In Kabelnetzen mit großer zentraler Leistung empfiehlt es sich zu kontrollieren, ob bei der höchstmöglichen Abschaltzeit die Erwärmung der Kabel in den zulässigen Grenzen bleibt. Es ist daher erforderlich, neben dem minimalen auch den maximalen Kurzschlußstrom zu berechnen und nachzuprüfen, ob bei den vorgesehenen Zeitkennlinien die Abschaltzeit beim höchsten Kurzschlußstrom so klein wird, daß Leitungen und Apparate thermisch nicht gefährdet sind. Die Ermittlung des maximalen Kurzschlußstromes ermöglicht gleichzeitig die Nachrechnung der dynamischen Beanspruchung der Anlage. Zeigt sich die Anlage den thermischen und dynamischen Beanspruchungen nicht gewachsen, so wird man im allgemeinen Kurzschlußdrosselspulen einbauen oder die Sammelschienen unterteilen, um den Kurzschlußstrom auf die zulässige Größe herabzudrücken.

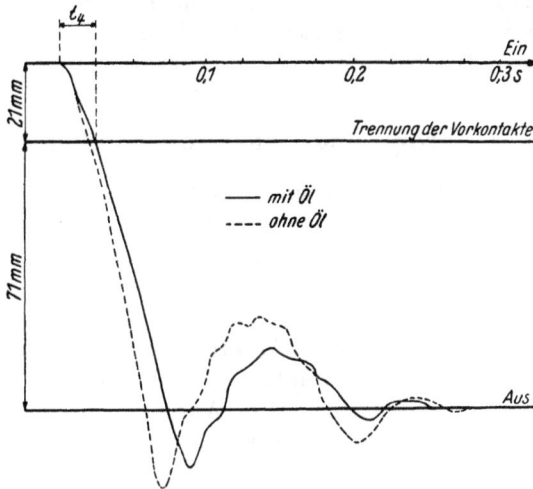

Abb. 66. Weg-Zeitdiagramm eines Ölschalters der Reihe 10 beim Ausschalten.

Bei Relais mit magnetisch gekoppeltem Strom- und Spannungskreis im Ablaufglied hat die jeweilige Phasenverschiebung zwischen Strom und Spannung im Kurzschlußpfad auf die Arbeitszeit der Relais einen gewissen Einfluß, der bei der Bestimmung der Abschaltzeiten zu berücksichtigen ist.

## 2. Schnelldistanzrelais.

Die vorangehenden Überlegungen und Aussagen treffen in großen Zügen auch für die schnellarbeitenden Distanzrelais zu, mit dem Unterschied, daß bei ihnen die Arbeitszeiten infolge der stufenförmigen Zeitcharakteristik im allgemeinen wesentlich kleiner ausfallen, gewöhnlich von 0,1 bis 1,0 s.

Die Anwendung von Schnelldistanzrelais setzt das Vorhandensein von Hochleistungsschaltern voraus, die in der Lage sind, auch die Stoßkurzschlußströme abzuschalten, die bekanntlich in Netzen von 3 bis 30 kV sehr groß sein können. Der Vorteil des Schnelldistanzschutzes kann eigentlich nur dann gut ausgenützt werden, wenn die Arbeitszeit der Schalter auch sehr klein ist. In Amerika und Europa bemüht man sich seit einigen Jahren stark, die Arbeitszeit der Schalter herabzusetzen.

In Netzen mit Schnellschaltern können die Relaisstaffelzeiten verkleinert und mithin kürzere Abschaltzeiten erzielt werden. Dies trifft

sowohl für Distanzrelais mit stufenförmigen als auch mit stetigen Zeitkennlinien zu. Die Gesamtabschaltzeit kann noch weiter herabgesetzt werden, wenn das zuerst auslösende Distanzrelais über
Verbindungsleitungen oder Hochfrequenzkanäle gleichzeitig
auch den zweiten Schalter des gestörten Anlageteiles betätigt.
Beim Schnelldistanzschutz würde man dann z. B. die ganze
Strecke $a$--$b$ in Abb. 57 praktisch mit der Zeit $t_1$ abschalten,
d. h. in wenigen Halbperioden.

## J. Strom- und Spannungswandler.

Strom- und Spannungswandler bilden wesentliche Bestandteile
der Selektivschutzanlagen. Sie dienen als Bindeglieder zwischen den Relais
und den zu schützenden Anlageteilen. Einer besonders sorgfältigen
Auswahl bedürfen die Stromwandler, die bekanntlich bei Kurzschluß
sowohl meßtechnisch als auch hinsichtlich der thermischen und dynamischen Festigkeit sehr oft harten Anforderungen genügen müssen. In
diesem Kapitel werden in der Hauptsache die Eigenschaften der Wandler
für Distanzschutz beschrieben. Die Wandler für Differentialschutz
und Erdschlußschutz werden in einer späteren Arbeit behandelt.

### 1. Stromwandler.

Die Sekundär-Nennstromstärke der Stromwandler für Distanzschutz ist, wie bei den Stromwandlern für Meßzwecke, vorwiegend
5 A. Vereinzelt trifft man auch Netze an, in denen aus bestimmten
Gründen Nennstromstärken von 1 oder 10 A angewendet werden. Den
Nennstrom 1 A sieht man dort vor, wo große Entfernungen zwischen
Wandler und Relais zu überbrücken sind, beispielsweise in großen Frei-
luftanlagen, um geringere Verluste in den Verbindungsleitungen bei
gleichem Materialaufwand ($I_1{}^2 \cdot r = 1^2 \cdot r$ statt $I_5{}^2 \cdot r = 5^2 \cdot r$, also
Verhältnis der Verluste 1 : 25) zu haben. Die Wandler mit einem Nenn-
strom von 10 A liefern gegenüber den Wandlern mit 5 A bei gleicher
Primärstromstärke doppelt so große Sekundärströme, ein Umstand,
der bei Schwachlastbetrieb in mancher Hinsicht, z. B. für die Anregung,
Richtungsempfindlichkeit u. dgl. von Vorteil sein kann. Sie haben jedoch
den Nachteil, daß die Distanzrelais bei sonst gleichen Bedingungen nur
halb so große Sekundärimpedanzen messen, wie aus der nachstehenden,
im Kapitel F abgeleiteten Formel für die Sekundärimpedanz je Phase

$$z_2 = z_1 \cdot \frac{\ddot{u}_i}{\ddot{u}_u} = z_1 \cdot \frac{\dfrac{I}{i}}{\dfrac{U}{u}}$$

deutlich hervorgeht. Die Zeichenerklärungen hierzu siehe auf S. 50.

Die Primär-Nennstromstärke der Wandler bewegt sich in den praktisch vorkommenden Fällen zwischen etwa 20 und 1000 A. Ihre Größe richtet sich hauptsächlich nach dem Nennstrom bzw. dem höchsten Betriebsstrom oder dem Leistungs-Übertragungsvermögen der zu schützenden Anlageteile. In Kabelnetzen, insbesondere in solchen mit unbewachten Stationen, wählt man die Primärstromstärke der Wandler entsprechend den Werten der Kabelbelastungstabelle der VDE-Regeln. Dadurch ist die Gewähr gegeben, daß betriebsmäßige Kabelüberlastungen durch die Wandler und die Überstrom-Anregeglieder der Relais ohne Sonder- oder Zusatzeinrichtungen mit erfaßt werden. In Freileitungsnetzen, die bekanntlich der Erwärmungsgefahr weniger ausgesetzt sind, pflegt man auf betriebsmäßige Überlastungen keine Rücksicht zu nehmen. Hier wählt man den primären Nennstrom der Wandler gewöhnlich in Anpassung an die größte auftretende Betriebsstromstärke. In Netzen, die in Stufen ausgebaut werden, sieht man zuweilen für Distanzschutz Wandler mit 2 Primärstromstärken vor (beispielsweise 100 und 200 A, primärseitig umschaltbare Wandler) und benutzt die kleinere Nennstromstärke nur für den ersten Ausbau[1]). Durch diese Maßnahme können auch die kleinen Ströme durch Relais, Strommesser und Betriebszähler meßtechnisch sicherer und genauer erfaßt werden.

Die Stromwandler legt man in manchen Einbaustellen der Freileitungsnetze, falls es wirtschaftlich tragbar ist, zweckmäßig für eine 50- bis 100proz. Dauerüberlastung aus, denn bei Doppel- oder Ringleitungen kommt es oft vor, daß eine Leitungsstrecke herausgenommen und über die verbleibenden Leitungsstrecken die ganze Leistung längere Zeit übertragen werden muß. Diese Bedingung der Überlastbarkeit wird gewöhnlich von allen Stromwandlern (auch in Kabelnetzen) erfüllt, die für sehr hohe Kurzschlußströme bemessen sind. Einleiterwandler lassen sich gewöhnlich ohne Mehrpreis für eine 100proz. Dauerüberlastung auslegen.

Das durch die Wahl des Sekundär- und des Primärstromes festgelegte Übersetzungsverhältnis der Stromwandler soll in den mit Distanzschutz auszurüstenden und galvanisch verbundenen Netzteilen nach Möglichkeit einheitlich sein. Diese Bedingung gilt für Netze, die wechselseitige Einspeisung besitzen. Sie gilt jedoch nicht für Netze mit einseitiger Energielieferung. In solchen Netzen läßt sich sogar durch Steigerung der Stromwandler-Übersetzungsverhältnisse in Richtung auf die Stromquelle zu die Selektivität verbessern, da die von aufeinanderfolgenden Relais gemessenen Sekundärimpedanzen größere Unter-

---

[1]) Bei Einleiterwandlern ist eine primäre Umschaltbarkeit nicht möglich. Sie kann nur sekundärseitig vorgenommen werden, allerdings unter Preisgabe der halben AW-Zahl bzw. $3/4$ der Leistung.

schiede aufweisen als bei gleichen Übersetzungsverhältnissen, vgl. hierzu auch die vorstehende Formel.

Bei nachträglicher Ausrüstung eines Netzes mit Distanzschutz ist es häufig erforderlich, die eingebauten Stromwandler auszuwechseln, da sie in ihrem Übersetzungsverhältnis und in ihrer Überstromcharakteristik selten so übereinstimmen, daß ein einwandfreies Arbeiten der Distanzrelais möglich ist. Nähere Angaben bezüglich der Wandler-Überstromkennlinien folgen weiter unten.

Für Distanzschutzanlagen wählt man gewöhnlich Stromwandler der Genauigkeitsklasse 1 (früher Klasse F), ausgelegt bei 50 Hz für eine Nennbürde[1]) von 1,2 Ohm; dieser Wert entspricht bei 5 A einer Leistung von 30 VA[2]). Stromwandler mit einer Leistungsabgabe von 30 VA in Klasse 3 genügen den Distanzschutzbedingungen auch, insbesondere wenn Impedanzrelais als Belastung (Bürde) angeschlossen werden. Man zieht aber gewöhnlich Wandler der Klasse 1 vor, um erforderlichenfalls auch Meßinstrumente und Betriebszähler anschließen zu können und überhaupt eine Leistungsreserve zu haben.

Die in den VDE-Regeln angegebenen Fehlergrenzen für die Stromwandlerklassen 1 und 3 gelten bekanntlich nur für Ströme unter dem Nennwert. Beim Distanzschutz wie bei jedem Überstromschutz dagegen interessiert eigentlich das Verhalten der Stromwandler erst bei Stromstärken über dem Nennwert. Die Distanzschutzwandler sollen nämlich auch bei hohen Kurzschlußströmen geringe Stromfehler und kleine Fehlwinkel aufweisen.

### a) Fehlwinkel.

Der Fehlwinkel, d. h. die Phasenverschiebung des Sekundärstromes gegen den Primärstrom, bleibt allgemein bei den Stromwandlern mit einer Nennampere-Windungszahl über 500 AW auch bei sehr hohen Kurzschlußströmen, z. B. beim 20- bis 30fachen Nennstrom, in Grenzen, die für die Richtungsglieder und für die vom $\cos \varphi$ bzw. $\sin \varphi$ abhängigen Ablaufglieder der Distanzrelais immer noch annehmbar sind, etwa unter $\pm 5^0$ (vgl. Abb. 67). Unzulässig groß sind

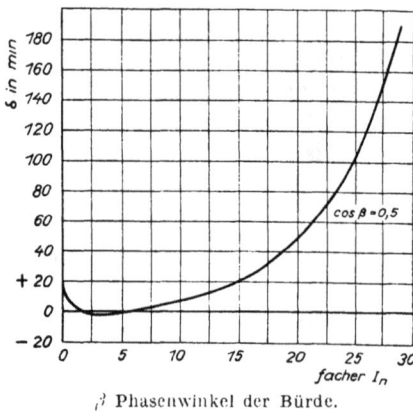

$\beta$ Phasenwinkel der Bürde.
Abb. 67. Prinzipieller Verlauf der Fehlwinkelkennlinie eines Wickelwandlers bei einer bestimmten Bürde.

---

[1]) Unter Nennbürde eines Stromwandlers versteht man den auf seinem Schild in Ohm angegebenen Scheinwiderstand, der an die Sekundärwicklung angeschlossen werden kann, ohne die Bestimmungen der betreffenden Klasse zu verletzen.

[2]) Bei $16^2/_3$ Hz leistet der gleiche Wandler etwa den dritten Teil.

dagegen oft die Fehlwinkel bei Einleiterwandlern (Stabwandlern) älterer Konstruktion mit einer Nennampere-Windungszahl unter 200 AW. Hier können die Fehlwinkel nicht nur bei sehr großen, sondern auch bei sehr kleinen Strömen Werte bis zu 20° annehmen, wodurch die Ablaufzeit der vom Phasenwinkel abhängigen Distanzrelais unliebsam verändert und die Wirksamkeit ihrer Richtungsglieder mitunter beeinträchtigt wird. Bei den Einleiterwandlern, die in den letzten zwei Jahren auf den Markt kamen, sind diese Mängel in weitem Maße beseitigt worden.

Der Fehlwinkel der Stromwandler ist selbst auch bei induktivem Charakter der Bürde (cos $\beta$ > 0,5) fast immer positiv, zumindest im Überstrombereich, d. h. über 5 A. Dieser Umstand hat zur Folge, daß in den Richtungsgliedern der Distanzrelais je nach der Schaltung auch bei reinem induktiven Kurzschlußstrom, d. h. wenn die Primärspannung dem Primärstrom praktisch um 90° vorauseilt, noch ein ausreichendes Drehmoment zustande kommt[1]).

Bei Verwendung reiner Reaktanzrelais sind Stromwandler-Fehlwinkel besonders unerwünscht, weil der Fehlwinkel sich zu dem primären Phasenwinkel addiert und dadurch dem Reaktanzablaufglied einen größeren Reaktanzmeßwert vortäuscht, wodurch die Relaisablaufzeit erhöht wird. Da jedoch Reaktanzrelais nur in Höchstspannungs-Freileitungsnetzen verwendet werden, in denen Kurzschlußströme gewöhnlich nur im Bereich von etwa 0,5 bis 12 · $I_n$ auftreten, braucht der Fehlwinkel nur innerhalb dieser Grenzen berücksichtigt zu werden.

### b) Stromfehler bei Überstrom.

Die Stromwandler müssen je nach der Netzgestalt und den Netzverhältnissen die lineare Überstromcharakteristik bis zum 10 ... 20fachen Wert des Nennstromes einheitlich aufweisen, damit den hintereinanderliegenden Relais bei Kurzschluß die Netzströme auf der Sekundärseite möglichst getreu zugeführt und die Sekundärwiderstände der Kurzschlußschleifen richtig gemessen werden. Zulässig ist dabei eine Abweichung von der Sollübersetzungskennlinie um etwa 5%. Bei noch höheren Strömen biegen die Überstromkennlinien infolge der hohen Eisensättigung von den Soll-

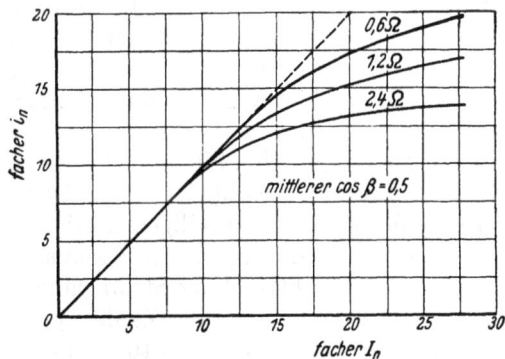

Abb. 68. Prinzipieller Verlauf der Überstromkennlinien eines Wickelwandlers bei verschiedenen Bürden.

---

[1]) Siehe auch Kapitel E unter 2.

kennlinien bekanntlich stark ab. Auch in diesem Bereich sollen die Stromwandler möglichst einheitlich übersetzen, so daß ihre Sekundärströme nicht mehr als 10% untereinander abweichen. Aus Abb. 68 geht der Verlauf der Überstromkennlinien eines Stromwandlers bei verschiedenen Bürden deutlich hervor. Man sieht daraus, daß ein proportionales Anwachsen des Sekundärstromes mit dem Primärstrom nur bis zu einem bestimmten Wert erfolgt, daß danach aber die einzelnen Kennlinien abbiegen und sich je einem Grenzwert nähern.

Der Verlauf der Überstromkennlinien ist im wesentlichen abhängig von der Größe der Bürde, von der Liniendichte im Eisenkern bei Nennstrom (Nenninduktion) und schließlich in geringem Maße vom Leistungsfaktor der Bürde. Je größer die Bürde ist, desto früher biegt die zugehörige Überstromkennlinie von der Sollkennlinie ab. Je schwächer man die Induktion des Wandlers bei Nennstrom wählt, um so später tritt eine Eisensättigung und folglich das Abbiegen der Überstromkennlinien ein. (Mit wachsendem cos $\beta$ der Bürde erfolgt ebenfalls ein späteres Abfallen der Kennlinien.)

Die z. Z. auf dem Markt befindlichen widerstandsabhängigen Relais haben vor dem Ansprechen, also bei normalem Betrieb, je nach ihrer Ausführung einen Eigenwiderstand (Bürde) von 0,2 bis 0,6 Ohm. Nach dem Ansprechen, d. h. bei Überlastung bzw. bei Kurzschluß, steigt bei einigen Relaisausführungen der Widerstand infolge der Freigabe (Zuschaltung) weiterer Impedanzen im Relais auf etwa 1,2 Ohm an. Als mittlerer Leistungsfaktor der Bürde kann dabei cos $\beta$ = 0,6 angenommen werden. Lange Verbindungsleitungen mit geringem Querschnitt zwischen den Stromwandlern und Relais ergeben zusätzliche Bürden und erhöhen infolgedessen die Arbeitsbürde[1], was ein früheres Abbiegen der Überstromkennlinien der Wandler zur Folge hat und unter Umständen zur Falschauslösung der Distanzrelais führen kann. Falls die Distanzrelais für Wandlerstromauslösung (s. Kapitel L) ausgelegt sind, kommt noch die Bürde des jeweiligen Auslösemagneten (etwa 1 Ohm) hinzu. Diese Bürde wird jedoch erst zugeschaltet, wenn das Relais den Auslöseimpuls gibt (vgl. Abb. 99), so daß sie auf die Arbeitszeit der Relais keinerlei Einfluß ausübt. Auf die Auslösemagneten haben aber große Stromfehler keinen nachteiligen Einfluß, vorausgesetzt, daß der Wandler dabei die zur Auslösung nötige Stromstärke (meist 5 A) noch aufbringt.

An die Selektivschutz-Stromwandler können außer Distanzrelais auch Meßinstrumente und Zähler angeschlossen werden, sofern die Wandler die erforderliche Leistung in der betreffenden Klasse aufbringen und die Meßgeräte für die vorliegenden Verhältnisse kurzschlußfest gebaut sind; andernfalls muß man für die Meßgeräte entweder besondere Meßkerne, besondere Zwischenwandler oder überhaupt andere

---

[1] Gesamte Bürde im Stromkreis während des Relaisablaufes.

geeignete Meßwandler vorsehen. Gegebenenfalls können die thermisch gefährdeten Meßinstrumente und Zähler beim Eintritt eines Kurzschlusses auch durch besondere Kurzschließerrelais unverzögert überbrückt werden.

Die Kerne werden bei Wandlern für Distanzschutzzwecke aus gewöhnlichem hochlegiertem Eisen, bei Wandlern für Meßzwecke auch aus Nickeleisen-Legierungen hergestellt. Derartige Legierungen sind für Distanzschutzwandler meistens nicht geeignet, weil sie bei Strömen über dem Nennstrom infolge frühzeitiger Sättigung unzulässig hohe Stromfehler ergeben[1]). Die Stromwandler mit 2 Kernen wird man deshalb in Zukunft wohl so bauen, daß der kleine Kern für Meßzwecke aus Nickeleisen, der größere für Relaiszwecke (Distanzschutz) aus hochlegiertem Eisenblech besteht.

### c) Kurzschließerrelais und Zwischenstromwandler.

In Abb. 69 ist ein Kurzschließerrelais dargestellt, das im wesentlichen aus einem Klappankermagnetsystem (vgl. Abb. 4) mit einem kräftigen Bürstenkontakt und Silberabreißer (vgl. Abb. 105) besteht. Die Stromspule des Magneten besitzt eine geringe AW-Zahl und dicken Kupferdraht, so daß der Widerstand des Relais, je nachdem, für welche Ansprechstromstärke es ausgelegt wird, sehr klein ausfällt. Der Hauptzweck der Kurzschließerrelais bei Distanzschutzanlagen ist neben der erwähnten Schutzwirkung für die angeschlossenen Instrumente und Zähler wohl darin zu sehen, daß sie bei Kurzschluß lediglich die Bürde des Distanzrelais am Stromwandler belassen (Abb. 70); es besteht also die Gewähr, daß die Überstromkennlinien erst bei hohen

Abb. 69. Kurzschließerrelais zum Schutze von Meßgeräten und Zählern, die an Stromwandler angeschlossen sind, gegen hohe Kurzschlußströme.

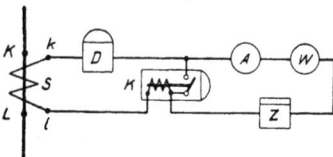

S Strom-wandler
D Distanzrelais
A Amperemeter
W Wattmeter
Z Zähler
K Kurzschließerrelais

Abb. 70. Schaltanordnung eines Kurzschließerrelais.

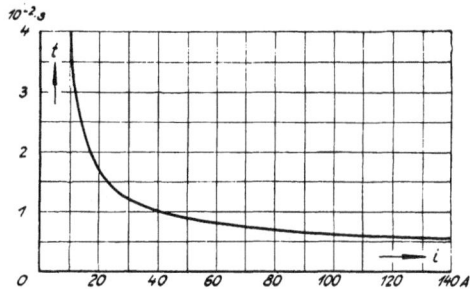

Abb. 71. Ansprechwerte $t = f(i)$ eines Kurzschließerrelais.

---

[1]) Nickeleisen hat meist nur eine hohe Anfangspermeabilität.

Strömen von der Sollkennlinie abbiegen. Die Ansprechzeit (Eigenzeit) eines für 10 A-Ansprechwert ausgelegten Kurzschließerrelais ist in Abb. 71 als Funktion des Sekundärstromes aufgetragen. Die einzelnen Werte sind oszillographisch aufgenommen (vgl. z. B. Abb. 64). Ist das Kurzschließerrelais nur als Schutz gegen thermische Überlastung der Meßinstrumente gedacht, so wird man den Ansprechstrom hochsetzen, etwa auf 20 bis 40 A. Soll es jedoch nur die Bürde des Wandlers im Kurzschlußfalle verringern, wobei gleichzeitig auch die angeschlossenen Meßinstrumente und Zähler mitgeschützt werden, so empfiehlt sich ein wesentlich kleinerer Ansprechwert, etwa zwischen 5 und 10 A.

Zwischenstromwandler mit hoher Liniendichte im Eisenkern (gesättigte Wandler) schützen die angeschlossenen Meßinstrumente und Zähler sowohl gegen den Stoßstrom als auch gegen den Dauerkurzschlußstrom. Sie verhüten im besonderen das Verbiegen oder Abbrechen schwacher Zeiger an unzweckmäßig ausgelegten Meßgeräten, was bei Anwendung von Kurzschließerrelais nicht immer der Fall ist. Zum Schutze von Zählern sind sie jedoch weniger geeignet, da sie infolge Größe und Charakter ihrer Eigenbürde den Winkel- und den Stromfehler des Netzstromwandlers vergrößern. — In der Praxis wird der Fall oft so liegen, daß die Beschaffung von neuen kurzschlußfesten Amperemetern, Wattmetern und Zählern billiger ist als die Beschaffung gesättigter Zwischenwandler oder Kurzschließerrelais.

### d) Kurzschlußfestigkeit der Stromwandler.

Für Netze mit einer Betriebspannung unter 30 kV müssen die Stromwandler in der Regel eine hohe Kurzschlußfestigkeit aufweisen. Bei höheren Netzspannungen sind die Kurzschlußströme im allgemeinen kleiner, so daß hier an die Wandler bezüglich Kurzschlußfestigkeit und Überstromcharakteristik keine so hohen Ansprüche zu stellen sind.

Die Sekundärwicklungen der marktgängigen Selektivschutzstromwandler sind thermisch und dynamisch durchweg als kurzschlußfest anzusehen, da sie infolge der Sättigung des Wandlereisenkernes im Kurzschluß höchstens den 30- bis 50fachen Nennstrom, d. h. 150 bis 250 A, führen. Dagegen ist der Primärstrom der Wandler praktisch unbegrenzt; er ist durch die treibende Spannung und durch den Scheinwiderstand der jeweiligen Kurzschlußschleife des Netzes gegeben.

Die Kurzschlußfestigkeit der Stromwandler ist in der Hauptsache eine Frage der richtigen Bemessung der Primärleiterquerschnitte und der Anordnung der Wicklungen. Besondere Rücksicht ist hierauf bei den Wandlern mit ausgesprochenen Wicklungen für Ströme unter 200 A zu nehmen, da hier die Windungszahl zur Erzielung der erforderlichen Durchflutung relativ hoch sein muß und die Leiterquerschnitte im gleichbleibenden Wickelraum verhältnismäßig schwach ausfallen. Geht man bei einem solchen Wandler mit der Windungszahl herunter, so kann wohl der Leiterquerschnitt verstärkt und somit eine höhere dynamische und thermische Festigkeit erzielt werden, dafür erleidet aber seine Nennleistung bzw. seine Nennbürde eine beträchtliche Einbuße, da diese bei gleichbleibendem Eisenkern ungefähr quadratisch mit der Amperewindungszahl zurückgeht. Die Leistung kann allerdings durch Verstärkung des Eisenquerschnittes bei manchen Wandlerausführungen wieder stark heraufgesetzt werden. In kritischen Fällen greift man dann besser zu Wandlermodellen der gleichen oder einer anderen Reihe mit

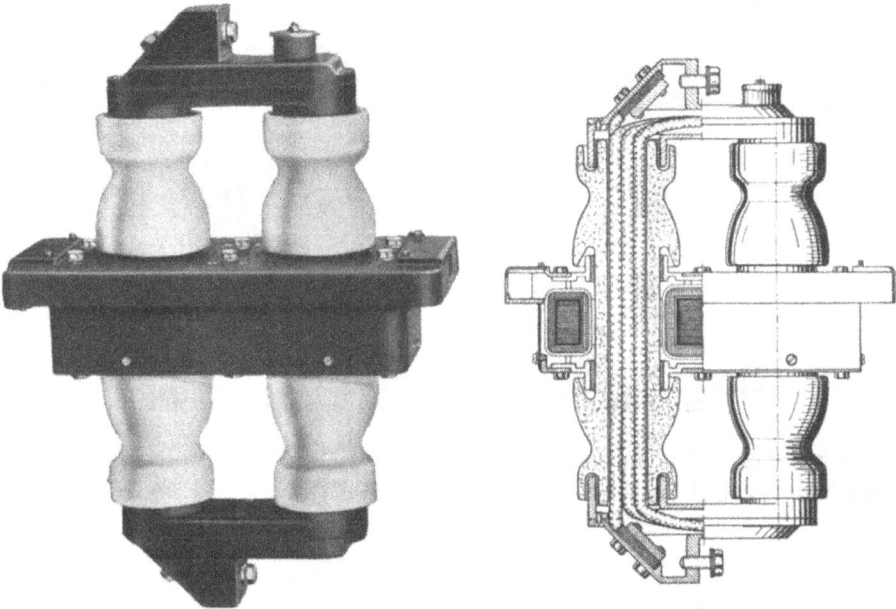

Abb. 72. Mehrleiter-Durchführungsstromwandler der AEG.

größerem Wickelraum und entsprechend stärkerer Konstruktion. Wenn man auch damit noch nicht zurechtkommt, so ermäßigt man notgedrungen die Nennleistung und nimmt größere Übersetzungsfehler in Kauf.

Stabwandler mit entsprechend ausgelegten Kernen zur Erzielung der erforderlichen Leistung bieten ebenfalls eine Lösung, zumal bei ihnen in jüngster Zeit besonders große Fortschritte erzielt worden sind. Man wird künftig immer mehr auf Stabwandler zurückgreifen, da sie infolge ihrer Konstruktion thermisch und dynamisch, ferner auch isoliertechnisch Idealwandler darstellen. Durch Kunstschaltungen, z. B. durch Gegenmagnetisierung, ist es heute schon möglich, Stabwandler für Distanzschutzzwecke bis zu 100/5A und noch weiter herab zu bauen.

Die thermische Beanspruchung der Stromwandler ist nicht nur von der Höhe des Kurzschlußstromes, sondern auch von dessen Zeitdauer abhängig. Die Beanspruchungszeit bei Kurzschluß kann je nach den Netzverhältnissen und dem Einbauort der Wandler mit 3 bis 5 s angenommen werden. Gewöhnlich wird zur Bestimmung der thermischen Sicherheit der Dauerkurzschlußstrom zugrunde gelegt.

Abb. 72 a. Einleiterstrom-
wandler in Freiluftaus-
führung (AEG).

Abb. 72 b. Stromwandler mit
Isoliermantel und Ölisolierung
in Freiluftausführung (BBC).

Die zulässige Beanspruchungszeit bei Kurzschluß ermittelt man leicht nach der von Binder angegebenen Formel[1])

$$t = \frac{\vartheta \cdot F^2 \cdot c}{I_d^2} \quad \ldots \ldots \ldots \ldots \quad (46)$$

Hierin bedeuten:

$t$ die Zeit in Sekunden,

$\vartheta$ die zulässige Erwärmung der Leiter, bei Stromwandlern etwa 200° C,

$F$ den Querschnitt des Primärleiters in mm²,

$I_d$ den Dauerkurzschlußstrom in A,

$c$ den Faktor für Kupfer 172.

Der Faktor $c$ stellt das Produkt aus der Leitfähigkeit $\varkappa = 50 \, \dfrac{Sm}{mm^2}$ und der spezifischen Wärme des Kupfers $c = 3,44 \cdot \dfrac{Ws}{°C \, cm^3}$ dar, wobei die Leitfähigkeit auf 50° C bezogen ist.

Kommt an der Einbaustelle der Wandler infolge geringer Impedanzen zwischen Fehlerstelle und Stromquelle ein beachtlicher Stoßkurz-

---

[1]) L. Binder, Kurzschlußerwärmung in Kraftwerken und Überlandnetzen, ETZ 1916, S. 589 u. 606.

schlußstrom zustande, so muß auch dieser bei der Bestimmung der Wärmewirkung berücksichtigt werden, indem man der Einfachheit halber den Mittelwert aus den Stromquadraten bildet und ihn in die vorstehende Formel einsetzt.

Nicht ganz so schwierig ist die Beherrschung der dynamischen Wirkung der Kurzschlußströme auf die Stromwandler. Durch geeignete Abstützung und Führung der Primärleiter kann den dabei auftretenden Kräften wirksam entgegengetreten werden, ferner durch Herabsetzung der

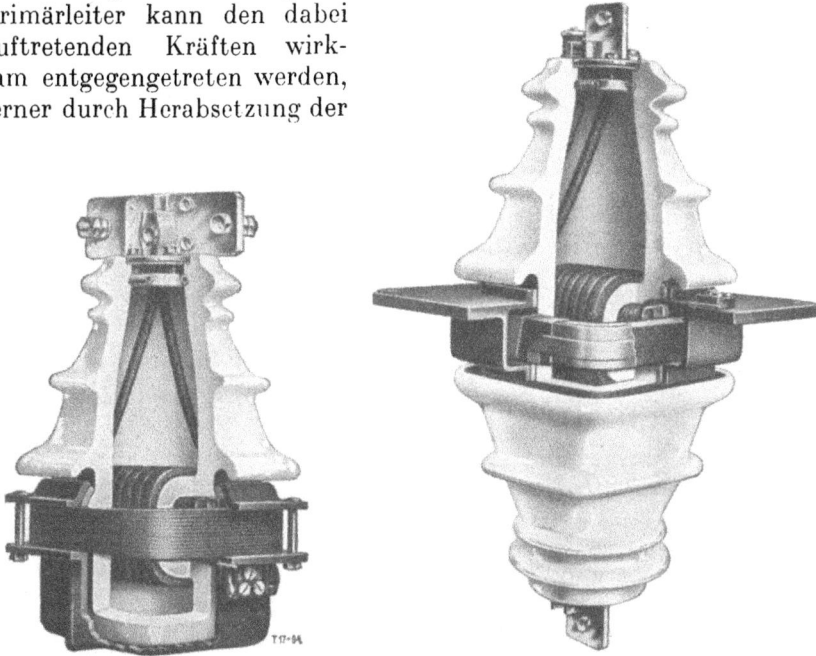

Abb. 73. Topf- und Durchführungs-Stromwandler mit einteiligem Querloch-Porzellankörper (Koch & Sterzel).

Nenn-AW-Zahl mit Hilfe von Kunstschaltungen. Der dynamischen Beanspruchung sind bekanntlich am stärksten die Einführungen der Topfstromwandler ausgesetzt, da diese im Isolator eine verhältnismäßig enge Schleife bilden. Die abstoßende Kraft folgt bekanntlich dem Gesetz

$$p = 2{,}04 \cdot \frac{l}{d} \cdot I_s{}^2 \cdot 10^{-8} \, \text{kg}, \ldots \ldots \ldots (47)$$

In dieser Formel bedeuten $l$ die Länge in cm, $d$ den Abstand der Einführungen in cm und $I_s$ die Amplitude des Stoßkurzschlußstromes in A. Die Nennstromstärke bzw. der Leiterquerschnitt des Wandlers spielen hierbei praktisch keine Rolle. Bei Spulenunsymmetrien machen sich auch starke axiale Schubkräfte bemerkbar, die zur Zertrümmerung der Wandler führen können. Die Herstellerfirmen haben bei ihren neuen

Wandlermodellen in der Konstruktion entsprechende Maßnahmen gegen diese Erscheinungen getroffen.

Der Sekundärkreis eines Stromwandlers darf im Betrieb nie offen sein, da sonst durch das Wegbleiben der sekundären Gegenamperewindungen das Feld des Primärstromes eine sehr hohe Sättigung des Eisenkernes herbeiführt und die damit verbundenen Eisenverluste eine übermäßige Erwärmung des Wandlers bewirken. Auch kann bei offenem

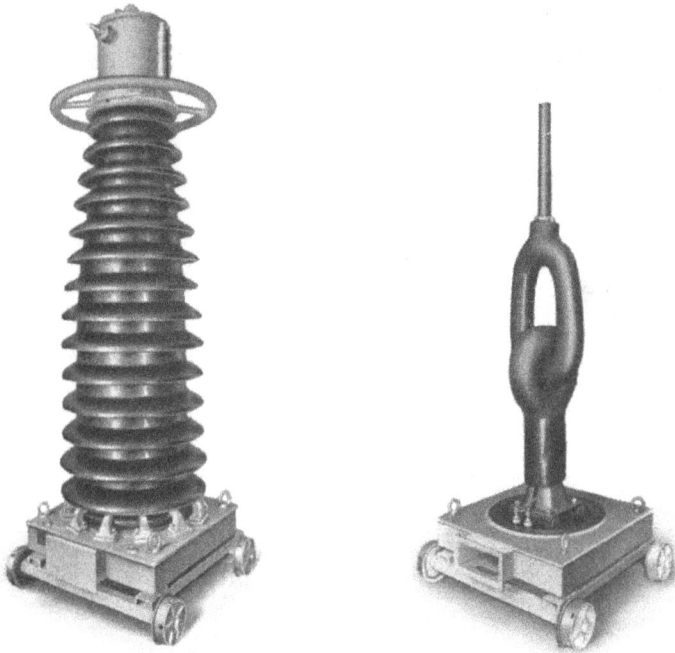

Abb. 73 a. Stützer-Stromwandler für Freiluft mit Kreuzringsystem und Ölisolierung (Siemens).

Sekundärkreis die Spannung am Meßkreis eine lebensgefährliche Höhe annehmen, insbesondere bei hohen Kurzschlußströmen.

Die Abb. 72 bis 73a zeigen einige marktgängige Stromwandler, die in den letzten Jahren entwickelt wurden. Stab- und Schleifenwandler werden mit Porzellan- oder Hartpapierisolierung ausgeführt. Wickelwandler, die als Topf- oder Durchführungswandler gebaut sind, besitzen Porzellan- oder Ölisolierung. Wandler mit Ölisolation werden meist in Netzen mit hoher Betriebsspannung (über 30 kV) angewendet. In 3 bis 30 kV-Netzen jedoch, also in Netzen mit den besonders hohen Kurzschlußströmen, baut man wegen der Brand- und Qualmgefahr des Öles vorzugsweise Wickelwandler mit Porzellanisolation ein.

## 2. Spannungswandler.

Als Spannungswandler können für Distanzschutz beliebige Typen verwendet werden. In vielen Fällen ist es jedoch zweckmäßig, Fünfschenkelspannungswandler[1]) vorzusehen (Abb. 74), da diese infolge ihres magnetischen Rückschlusses auch die Spannung gegen Erde richtig anzeigen und bei bewickeltem vierten und fünften Schenkel die Messung der Nullpunktspannung ohne Zusatzwandler gestatten. Auch drei Einphasen-Erdungsdrosselspulen (Abb. 75 und 75a) leisten dasselbe, wenn sie mit je zwei Sekundärwicklungen versehen sind. Die eine Wicklungsgruppe wird dabei in Stern, die andere im offenen Dreieck geschaltet.

Die Sternwicklungen liefern für Meßgeräte und Distanzrelais die verkettete Spannung und die Spannung gegen Erde, die Dreieckwicklungen die Nullpunktspannung für Erdschlußrelais.

Die Leistungsaufnahme der bekannten widerstandsabhängigen Relais im Spannungspfad ist sehr verschieden. Sie bewegt sich von 10 bis 600 VA, bezogen auf die Nennspannung von 110 V. Die Hilfswicklung für die Nullpunktspannung wird bei den Fünfschenkelspannungswandlern und bei den in Dreieck geschalteten Einphasen-Erdungsdrosselspulen für eine mittlere Leistung von 100 VA, bezogen auf 110 V, ausgelegt.

wandler in Freiluftausführung für 110 kV mit kurzgeerdetem Nullpunkt (AEG.).

Der Anschluß von Meßinstrumenten und Betriebszählern an die Spannungswandler einer Selektivschutzanlage kann ohne Bedenken vorgenommen werden, wenn dadurch die zulässige Belastung entsprechend der Meßgenauigkeit der Klasse 1 nicht überschritten wird.

Die Spannungswandler dürfen im Betrieb im Gegensatz zu den Stromwandlern auf der Sekundärseite nicht kurzgeschlossen werden, da sie sonst thermisch Schaden nehmen können.

Die Spannungswandler für Distanzschutz werden vorwiegend mit Öl isoliert. Sie haben sich in der Praxis gut bewährt und nur vereinzelt zu Störungen Anlaß gegeben. In jüngster Zeit sind auch trockenisolierte Spannungswandler (Einphasen-Erdungsdrosselspulen und Fünf-

---

[1]) Die Innenschaltung eines Fünfschenkelspannungswandlers s. in Abb. 93. Die verkettete Nennspannung auf der Sekundärseite ist 100 oder 110 V.

schenkelspannungswandler) auf den Markt gebracht worden, um auch bei den Spannungswandlern das Öl zu beseitigen. Die Trockenspannungswandler sind zwar explosionssicher aber nicht qualmfrei, denn sie besitzen immerhin noch viel Faserisolierstoff und andere brennbare Isoliermittel. Ihr Hauptvorteil gegenüber den Ölspannungswandlern besteht darin, daß sie in beliebiger Lage montiert werden können.

Das Bedürfnis nach ölfreien Spannungswandlern ist nach meinem Dafürhalten bei weitem nicht so gerechtfertigt wie das nach ölfreien

Abb. 75. Kaskaden-Spannungswandler (Einphasen-Erdungsdrosselspule) für 110 kV Nennspannung. Freiluftausführung (Koch & Sterzel).

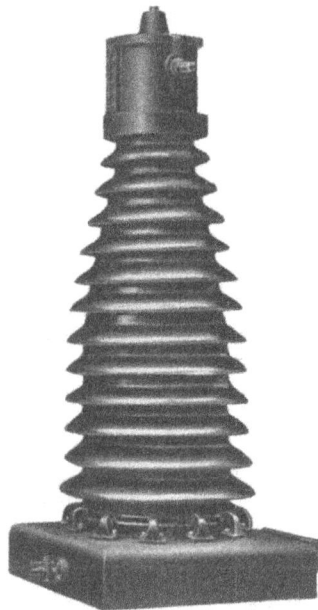

Abb. 75a. Stützer-Spannungswandler (Einphasen-Erdungsdrosselspule) für 220 kV Nennspannung, Freiluftausführung (Siemens).

Stromwandlern, mindestens in Anlagen mit 3 bis 30 kV Betriebsspannung. Die Stromwandler liegen nämlich im Kurzschlußpfad und sind der thermischen und dynamischen Gefahr ausgesetzt, während die Spannungswandler lediglich im Nebenschluß liegen. Werden die Ölspannungswandler nach den neuesten VDE-Vorschriften ausgeführt, so dürften bei ihnen Störungen praktisch ausgeschlossen sein. Überdies ist noch zu bemerken, daß man bei den neuesten Konstruktionen die Ölmenge im Gehäuse auf das zur inneren Isolation unbedingt erforderliche Mindestmaß herabgesetzt hat.

Die Spannungswandler werden — sofern sie an die Sammelschienen angeschlossen sind[1]) — auch bei Selektivschutzanlagen gewöhnlich auf der Primär- und Sekundärseite mit Abschmelzsicherungen versehen. Auf der Sekundärseite legt man diese für etwa 6 bis 10 A aus; auf der Primärseite benutzt man gegen unerwünschtes Durchoxydieren ebenfalls genügend starke Abschmelzsicherungen. In Netzen mit großer Kurzschlußleistung schalten manche Werke zur Erhöhung der Sicherheit vor die Primärsicherungen noch Silit- oder Ocelitwiderstände. Neuerdings werden auch Hochleistungssicherungen verwendet, bei denen die Vorwiderstände überflüssig sind. Bei Betriebsspannungen über 50 kV werden selten Primärsicherungen eingebaut, da man die Schutzwirkung solcher Sicherungen bezweifelt. Primärsicherungen schützen die Spannungswandler nur bei Defekten an den Klemmen und in der Primärwicklung.

## K. Schaltungen und Einbau der Distanzrelais[2]).

Die Schutzausrüstungen nach dem Widerstandsverfahren können in Drehstromnetzen drei-, zwei- und einpolig (drei-, zwei- und einsystemig) durchgeführt werden. Sie tragen ihren Namen nach der Anzahl der Distanzrelais, die je Drehstromende bzw. je Hochspannungsschalter des zu schützenden Anlageteiles zum Einbau gelangen. Drei- und zweipolige Schutzanordnungen werden schon seit mehreren Jahren ausgeführt. Einpolige dagegen sind in der Praxis erst seit zwei Jahren bekanntgeworden. Zwei- und einpolige Ausführungen gelten als Sparschaltungen.

Jede der drei Ausrüstungsarten läßt sich in mehreren Varianten durchführen. Es würde zu weit gehen, alle bestehenden Distanzschutzschaltungen näher zu beschreiben, zumal viele von ihnen untereinander wesensverwandt sind und sich nur durch Einzelheiten unterscheiden Zweck dieses Kapitels ist vielmehr, die grundlegenden Schaltungen, auf die sich alle bestehenden Schaltungen zurückführen lassen, darzulegen, sie zu erörtern und hinsichtlich ihrer Leistung in Kurzschluß- und Doppelerdschlußfällen kritisch zu überprüfen. Ferner sollen die Schutzausrüstungen auch daraufhin untersucht werden, wie und mit welchen Mitteln sie sich zu Einrichtungen für selektive Erdschlußanzeige ergänzen lassen.

Zum besseren Verständnis der Darlegungen sei auf das Kapitel F verwiesen, in dem die verschiedenen Kurzschlußarten und der Doppelerdschluß in Drehstromnetzen behandelt und die damit zusammenhängenden elektrischen Größen besprochen werden.

---

[1]) Viele Werke versehen die zu schützenden Anlageteile einzeln mit Spannungswandlern (ein teures Verfahren) und schützen diese durch die Hochspannungsschalter mit. Abschmelzsicherungen oder Kleinautomaten für 6—10 A sind für die Sekundärseite auch hier erforderlich.

[2]) S. a. M. Walter, Elektr.-Wirtsch. Bd. 31 (1932), S. 172 und 199.

## 1. Grundformen der Schutzschaltungen.

Innen- und Außenschaltung eines einzelnen Distanzrelais gehen deutlich aus Abb. 3 hervor und bedürfen wohl keiner besonderen Erläuterung.

Die Distanzschutzschaltungen für ein Drehstromende sind schon wesentlich verwickelter (vgl. z. B. die an und für sich sehr einfache Schaltung nach Abb. 93). Bei ihnen hat die Art und Weise, wie den Relais die sekundären Spannungen und Ströme zugeführt werden, eine viel größere Bedeutung. Mit Rücksicht hierauf unterteilt man die Drehstrom-Schutzschaltungen zweckmäßig in drei Grundformen, wobei den Distanzrelais

$\alpha$) Phasenströme und verkettete Spannungen bzw.

$\beta$) Phasenströme und Phasen- oder halbe verkettete Spannungen bzw.

$\gamma$) verkettete Ströme und verkettete Spannungen

unter Einhaltung einer bestimmten Phasenfolge zugeführt werden. Dabei ist zu beachten, daß bei der Schaltungsart $\alpha$ Schleifenimpedanzwerte[1]), bei den Schaltungsarten $\beta$ und $\gamma$ halbe Schleifenimpedanzwerte bzw. Phasenimpedanzwerte gemessen werden. Erwünscht ist, daß die Distanzrelais in den jeweiligen Schaltungen bei allen Fehlerarten mit gleicher Entfernung auch die gleiche Ablaufzeit aufweisen, d. h. distanzgetreu arbeiten. Dieser Wunsch wird besonders für Distanzrelais mit stufenförmiger Zeitcharakteristik erhoben (Schnelldistanzschutz). Überdies ist zu bemerken, daß die Sekundärwiderstände der zu schützenden Anlageteile von den Relais nur dann genau gemessen werden, wenn die Stromwandler bis zu den höchsten Strömen proportional übersetzen.

Die Distanzschutzschaltungen werden der Einfachheit und Übersichtlichkeit halber vorwiegend an Hand von Schaltungen mit reinen Impedanzrelais besprochen. Aus dem gleichen Grunde sind in den Schaltungen nur Überstrom-Anregeglieder vorgesehen. — Die Grundschaltungen folgen zunächst ohne Zusatzeinrichtungen zur selektiven Erfassung von Doppelerdschlüssen.

### a) Dreipolige Schutzschaltungen.

Abb. 76 zeigt in schematischer Darstellung einen Leitungsabzweig, dessen drei Phasen je ein widerstandsabhängiges Relais aufweisen. Strom- und Spannungswandler sind in dem Schaltbild der Einfachheit halber weggelassen worden. Die einzelnen Distanzrelais $a$, $b$ und $c$ werden vom Phasenstrom durchflossen (Sternschaltung) und sind an die verkettete Spannung angeschlossen (Dreieckschaltung). Den

---

[1]) Vgl. auch die Ausführungen in Kapitel F unter a) u. b).

Relais werden hierbei zur Erzielung einer guten Richtungsempfindlichkeit die Phasenströme und die verketteten Spannungen so zugeführt, daß bei einem Winkel von $\varphi = 0^0$ zwischen Phasenstrom und zugehöriger Phasenspannung des zu schützenden Anlageteiles (induktionsfreie Belastung!) der Stromvektor ($I_R$) dem Vektor der zugeordneten verketteten Spannung ($U_{RT}$) bei dreipoligem Kurzschluß um $30^0$ voreilt[1]). Im zweipoligen Kurzschluß sind dann der Strom und die verkettete Spannung bei induktionsfreier Kurzschlußbahn (z. B. Kabel mit geringem Leiterquerschnitt) phasengleich, da in diesem Fehlerfall der Kurzschlußstrom von der verketteten Spannung getrieben wird. Im dreipoligen Kurzschluß hingegen ist die Sternspannung die treibende Spannung.

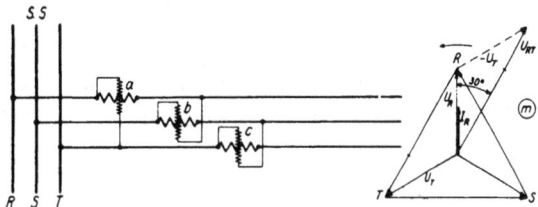

a, b, c Distanzrelais,
m allgemeines Strom- und Spannungsdiagramm, aufgezeichnet für eine induktionsfreie Kurzschlußbahn,
SS Sammelschiene.

Abb. 76. Erste grundlegende Distanzschutzschaltung.

Die Distanzrelais messen nach der Schaltung Abb. 76 bei drei- und zweipoligem Kurzschluß an derselben Netzstelle verschiedene Sekundär-Schleifenimpedanzwerte und lösen daher mit ungleichen Arbeitszeiten aus. So beträgt die **Arbeitszeit der Impedanzrelais** in Sekunden bei gleicher Fehlerentfernung

bei **dreipoligem** sattem[2]) Kurzschluß

$$t^{III} = t_0 + t_1 = t_0 + \operatorname{tg} \alpha \cdot \sqrt{3} \cdot z_2 = t_0 + \operatorname{tg} \alpha \cdot z_2^{III}, \quad \ldots \quad (48)$$

bei **zweipoligem** sattem Kurzschluß

$$t^{II} = t_0 + t_2 = t_0 + \operatorname{tg} \alpha \cdot 2 \cdot z_2 = t_0 + \operatorname{tg} \alpha \cdot z_2^{II}. \quad \ldots \ldots \quad (49)$$

Danach ist

$$t^{III} < t^{II}.$$

Hierin bedeuten:

| | | |
|---|---|---|
| $t_0$ | (s) | Grundzeit eines Relais, |
| $\operatorname{tg} \alpha$ | (s/$\Omega$) | Steigung der Relaiszeitkennlinie bzw. Zeitzunahme je Ohm sekundärer Impedanz, |
| $z_2$ | ($\Omega$) | Sekundärimpedanz je Phase, gerechnet von der Fehlerstelle bis zum Einbauort der Relais, |
| $z_2^{III} = \sqrt{3} \cdot z_2$ | ($\Omega$) | Schleifenimpedanz bei dreipoligem Kurzschluß, |

---

[1]) Siehe auch Kapitel E.
[2]) Bei Lichtbogen- und Erdkurzschlüssen werden $z_2^{III}$ und $z_2^{II}$ im zweiten Summanden der Formeln (48) und (49) größer. Vgl. auch die Formeln (28) und (26).

$z_2^{II} = 2 \cdot z_2 \quad (\Omega)$ Schleifenimpedanz bei zweipoligem Kurzschluß,

$t_1 = \operatorname{tg} \alpha \cdot z_2^{III} \quad (s)$ widerstandsabhängige Laufzeit der Relais im dreipoligen Kurzschluß,

$t_2 = \operatorname{tg} \alpha \cdot z_2^{II} \quad (s)$ widerstandsabhängige Laufzeit der Relais im zweipoligen Kurzschluß.

Aus den Gleichungen (48) und (49) sowie aus Abb. 77 geht hervor, daß Impedanzrelais im zweipoligen Kurzschluß einen um etwa 16% höheren Impedanzwert als bei dreipoligem Kurzschluß erfassen. Die Arbeitszeit der Relais unterscheidet sich jedoch nicht um 16%, sondern um einen wesentlich geringeren Prozentsatz; denn einerseits ist die Grundzeit der Relais $t_0$, die im Mittel je nach erfolgter Einstellung 0,5 bis 1,5 s beträgt, von der Kurzschlußart praktisch unabhängig, anderseits aber werden die widerstandsabhängigen Laufzeiten der Relais $t_1$ und $t_2$ bei kleineren Fehlerentfernungen viel kleiner als in Abb. 77 angegeben. Infolgedessen wird der Unterschied zwischen $(t_0 + t_2)$ und $(t_0 + t_1)$ bei kleinen Fehlerentfernungen sehr gering, im Grenzfall $(z_2 = 0 \,\Omega)$ sogar gleich Null.

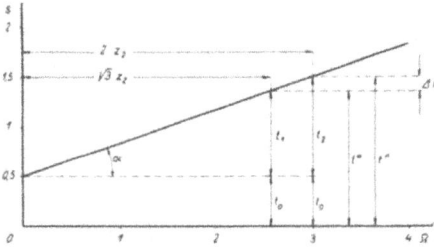

Abb. 77. Zeichnerische Darstellung der Zeitgleichungen (48) und (49).

Wesentlich höher kann unter Umständen dieser Zeitunterschied bei den nicht reinen Impedanzrelais werden, d. h. bei Distanzrelais, deren Arbeitszeit außer von Strom und Spannung noch von der Phasenverschiebung zwischen Kurzschlußstrom und Kurzschlußspannung abhängig ist und ganz allgemein der Gleichung

$$t = t_0 + \operatorname{tg} \alpha \cdot \frac{u}{i} f(\varphi) = t_0 + \operatorname{tg} \alpha \cdot z_2 \cdot f(\varphi) \quad \ldots \ldots (50)$$

genügt, wobei $f(\varphi)$ nach bekannten Ausführungsarten der Selektivrelais der Gesetzmäßigkeit

$$f(\varphi) = \begin{cases} \cos \varphi \\ \sin \varphi \\ \dfrac{1}{\cos \varphi} \end{cases} \quad \ldots \ldots \ldots \ldots (51)$$

entspricht.

Im dreipoligen Kurzschluß arbeiten nach der Schaltung der Abb. 76 alle drei Relais praktisch immer mit der richtigen und gleichen Arbeitszeit, im zweipoligen Kurzschluß hingegen nur eins. Denn bei dieser Kurzschlußart wird die impedanzgetreue Spannung, d. h. die Spannung zwischen den kurzgeschlossenen Leitern, nur einem Relais

der beiden betroffenen Phasen zugeführt. Das andere vom Kurzschlußstrom durchflossene Relais mißt dagegen die Spannung zwischen einer
gesunden und einer kranken Phase, also eine impedanzfremde Spannung. Es kann daher nur später auslösen, weil die impedanzfremde
Spannung wesentlich höher ist als die impedanzgetreue. Hierauf wird
weiter unten noch näher eingegangen.

Die Grundschaltung gemäß Abb. 76 ist die älteste und bisher meist
verwendete Schaltung der Distanzrelais. Eine ausführliche Darstellung
der gleichen Prinzipschaltung ist in Abb. 93 gegeben.

Abb. 78 zeigt eine andere grundlegende Schaltung (O. Mayr).
Hier werden die Distanzrelais vom Phasenstrom durchflossen und durch
ihre Anregeglieder $d$ im dreipoligen Kurzschluß an Sternspannung

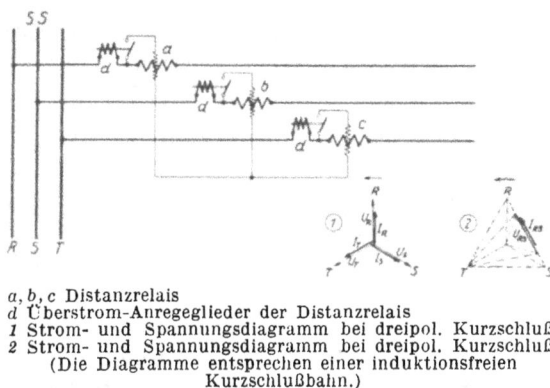

a, b, c Distanzrelais
d Überstrom-Anregeglieder der Distanzrelais
1 Strom- und Spannungsdiagramm bei dreipol. Kurzschluß
2 Strom- und Spannungsdiagramm bei dreipol. Kurzschluß.
(Die Diagramme entsprechen einer induktionsfreien
Kurzschlußbahn.)
Abb. 78. Zweite grundlegende Distanzschutzschaltung
(O. Mayr).

(s. a. Diagramm 1), im zweipoligen Kurzschluß hingegen an die halbe
verkettete Spannung (s. a. Diagramm 2) gelegt. Strom- und Spannungspfade der Relais sind in Stern geschaltet. Dadurch sind in einer induktionsfreien Kurzschlußbahn die angelegte Spannung und der Kurzschlußstrom bei drei- und zweipoligem Kurzschluß phasengleich. In
einer mit Induktivität behafteten Kurzschlußbahn eilt naturgemäß
hier wie auch bei der vorhergehenden Schaltung der Kurzschlußstrom der
jeweilig treibenden Spannung um den Kurzschluß-Phasenverschiebungs-
winkel $\varphi_K$ nach.

Die Distanzrelais messen nach Schaltung Abb. 78 in beiden Fehlerfällen im Gegensatz zur ersten Prinzipschaltung nicht Schleifenimpedanzwerte, die bei zwei- und dreipoligem Kurzschluß verschieden groß sind,
sondern Phasenimpedanzwerte bzw. halbe Schleifenimpedanzwerte,
wodurch bei gleicher Fehlerentfernung eine und dieselbe Relaisauslöse-
zeit zustande kommt. Wird die Steigung der Relaiszeitkennlinie hier mit
tg $\alpha'$ bezeichnet, dann ergeben sich die Relaisauslösezeiten in Sekunden:

7*

bei dreipoligem Kurzschluß zu

$$t^{\mathrm{III}} = t_0 + \operatorname{tg}\alpha' \cdot \frac{u}{\sqrt{3}\cdot i} = t_0 + \operatorname{tg}\alpha' \cdot z_2 = t_0 + \operatorname{tg}\alpha' \cdot \frac{z_2^{\mathrm{III}}}{\sqrt{3}}, \quad . \quad (52)$$

bei zweipoligem Kurzschluß zu

$$t^{\mathrm{II}} = t_0 + \operatorname{tg}\alpha' \cdot \frac{u}{2\cdot i} = t_0 + \operatorname{tg}\alpha' \cdot z_2 = t_0 + \operatorname{tg}\alpha' \cdot \frac{z_2^{\mathrm{II}}}{2}, \quad . \quad . \quad (53)$$

so daß

$$t^{\mathrm{III}} = t^{\mathrm{II}}$$

ist. Die Werte $\dfrac{u}{\sqrt{3}\cdot i}$ und $\dfrac{u}{2\cdot i}$ sind beide gleich der Sekundärimpedanz je Phase ($z_2$) des zu schützenden Anlageteiles. Diese Tatsache ist darauf zurückzuführen, daß beim dreipoligen Kurzschluß die Sternspannung, beim zweipoligen die verkettete Spannung treibt.

Der Vorteil dieser Schaltung gegenüber der nach Abb. 76 liegt darin, daß die Arbeitszeiten der Impedanzrelais und sogar der winkelabhängigen Distanzrelais im zwei- und dreipoligen Kurzschluß gleich groß werden. Außerdem arbeiten die beiden ansprechenden Relais im zweipoligen Kurzschluß mit der richtigen Spannung, d. h. mit gleich großen Impedanzwerten. Als Nachteil wäre zu erwähnen, daß der Neigungswinkel $\alpha$ der Relaiszeitkennlinien doppelt so groß sein muß wie für die erste Prinzipschaltung (Abb. 76), wenn man bei zweipoligem Kurzschluß gleiche Staffelzeit von Station zu Station erzielen will. Für einzelne Relaisarten bietet diese Bedingung manchmal sehr erhebliche, wenn nicht sogar unüberwindliche Schwierigkeiten; bei besonders großen Stationsentfernungen ergeben sich aus dieser Bedingung jedoch Vorteile.

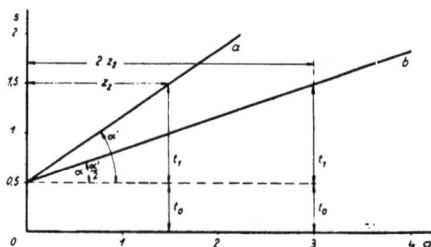

Zeichenerklärungen siehe bei den Formeln (48) u. (49).
Abb. 79. Zeichnerische Darstellung der Zeitgleichungen (52), (53) und (49).

In Abb. 79 sind schematisch zwei Relais-Zeitkennlinien, bestimmt für einen und denselben Anlageteil, z. B. eine Freileitungsstrecke, mit entsprechender Neigung dargestellt. Die Zeitkennlinie $a$ trifft für die Relaisschaltung nach Abb. 78, die Zeitkennlinie $b$ für die Relaisschaltung nach Abb. 76 zu. Nach Schaltung Abb. 78 messen die Relais bei einem und demselben zweipoligen Kurzschluß nur den halben Impedanzwert wie die in Schaltung Abb. 76, dafür müssen ihre Zeitkennlinien aber doppelt so steil sein, nämlich 1 s/Ohm statt 0,5 s/Ohm.

Abb. 80 stellt die dritte grundlegende Schaltung (J. Sorge) der dreipoligen Schutzausrüstung dar[1]). Sie ist im wesentlichen dadurch gekennzeichnet, daß die Stromwandler im Dreieck, die Relais hingegen im Stromkreis in Stern geschaltet sind. Die Spannungspulen der Relais liegen an der verketteten Spannung (Dreieckschaltung). Im dreipoligen Kurzschluß erhalten alle drei Relais verketteten Strom und verkettete Spannung zugeführt und messen daher die Phasenimpedanz. Im zweipoligen Kurzschluß führt ein Relais den doppelten Kurzschlußstrom $2\,i_k$ und liegt an der impedanzgetreuen verketteten

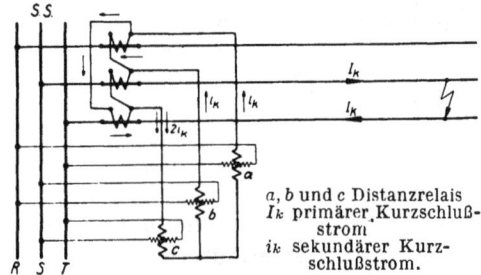

$a, b$ und $c$ Distanzrelais
$I_k$ primärer Kurzschlußstrom
$i_k$ sekundärer Kurzschlußstrom.

Abb. 80. Dritte grundlegende Distanzschutzschaltung (J. Sorge).

Spannung. Es mißt daher die halbe Schleifenimpedanz. Der Kurzschlußstrom $2\,i_k$ verteilt sich gleichmäßig auf die Relais der anderen zwei Phasen, die an impedanzfremden Spannungen liegen und infolgedessen höhere Auslösezeiten aufweisen. In den wirksamen Relais kommt hier bei drei- und zweipoligem Kurzschluß eine und dieselbe Phasenverschiebung zur Wirkung. Die Relais haben Auslösezeiten in Sekunden:

bei dreipoligem Kurzschluß von

$$t^{\mathrm{III}} = t_0 + \mathrm{tg}\,\alpha' \cdot \frac{u}{\sqrt{3}\cdot i} = t_0 + \mathrm{tg}\,\alpha' \cdot z_2 = t_0 + \mathrm{tg}\,\alpha' \cdot \frac{z_2^{\mathrm{III}}}{\sqrt{3}}, \quad . \;(54)$$

bei zweipoligem Kurzschluß von

$$t^{\mathrm{II}} = t_0 + \mathrm{tg}\,\alpha' \cdot \frac{u}{2\cdot i} = t_0 + \mathrm{tg}\,\alpha' \cdot z^2 = t_0 + \mathrm{tg}\,\alpha' \cdot \frac{z_2^{\mathrm{II}}}{2} \quad . \;. \;(55)$$

Hieraus folgt, daß $t^{\mathrm{III}} = t^{\mathrm{II}}$ ist.

Die Bemerkung zu Gl. (52) und (53) bezüglich $\dfrac{u}{\sqrt{3}\cdot i}$ und $\dfrac{u}{2\cdot i}$ hat auch hier Gültigkeit.

### b) Zweipolige Schutzschaltungen.

Die schematische Darstellung der zweipoligen Schaltung in einfachster Form geht aus Abb. 81 hervor. Hier fällt gegenüber der dreipoligen Ausrüstung nach Abb. 76 oder 93 das Relais der mittleren Phase mit dem zugehörigen Stromwandler und den entsprechenden Verbindungsleitungen weg. Die Distanzrelais $a$ und $c$ messen auch hier Schleifenimpedanzwerte. Im dreipoligen Kurzschluß erfassen beide Relais die

---

[1]) R. Bauch, Siemens-Zeitschrift Bd. 9 (1929), S. 13. — H. Poleck und J. Sorge, Siemens-Zeitschrift Bd. 8 (1928), S. 694.

getreuen Spannungen der Kurzschlußschleifen, da die verketteten Spannungen fast immer gleichmäßig zurückgehen (Abb. 82 a) und schalten den betroffenen Anlageteil richtig ab. Im zweipoligen Kurz-

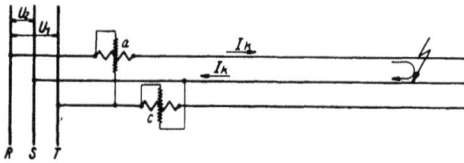

Abb. 81. Zweipolige Distanzschutzschaltung ohne Spannungsumschaltung.

schluß wird der gestörte Netzteil durch die Relais nicht immer sauber abgetrennt. Es kann nämlich vorkommen, daß im zweipoligen Kurzschluß das einzige wirksame Relais mit impedanzfremder Spannung arbeitet. Die Folge ist, daß die Auslösezeit zu hoch und die Staffelzeit zu gering wird. Dies sei an einem Beispiel erläutert:

Auf dem Leitungsabzweig in Abb. 81 entstehe zwischen den Phasen $R$ und $S$ ein zweipoliger, satter Kurzschluß. An der Spannung $U_2$ zwischen den kurzgeschlossenen Phasen liegt dabei weder das Relais $a$ noch das Relais $b$. Das wirksame Relais $a$ mißt als Impedanzrelais statt des Quotienten $\dfrac{U_2}{I_k}$ den Quotienten $\dfrac{U_1}{I_k}$, d. h. einen falschen Impedanzwert. Läge der Kurzschluß zwischen den Phasen $R$ und $T$ oder $T$ und $S$, so würde im ersten Fall das Relais $a$, im zweiten Fall das Relais $c$ den jeweilig richtigen Quotienten erfassen und mit der richtigen Laufzeit auslösen. Die zweipolige Schutzanordnung nach Abb. 81 kann demnach nur zwei Drittel der möglichen zweipoligen Kurzschlüsse richtig abtrennen.

Über die Zähler der Quotienten $\dfrac{U_2}{I_k}$ und $\dfrac{U_1}{I_k}$ wäre außerdem zu bemerken: Der Vektor $U_2$ kann an der Einbaustelle der Relais beim angedeuteten Kurzschluß alle Werte zwischen der vollen verketteten Span-

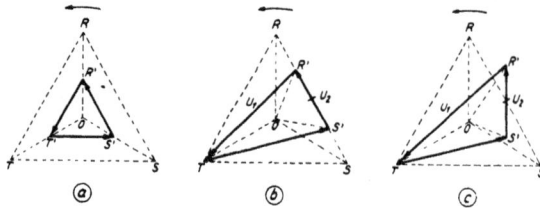

Abb. 82. Spannungsdiagramme bei drei- und zweipoligen Kurzschlüssen im Netz.

nung und der Spannung Null Volt annehmen (Abb. 82 b). Seine Größe hängt dabei von der Länge der Kurzschlußschleife, der Höhe des Übergangswiderstandes an der Kurzschlußstelle sowie von der Kurzschlußstromstärke ab. Der Vektor $U_1$ dagegen kann in einer praktisch induktionsfreien Kurzschlußschleife nur zwischen der vollen verketteten Spannung und ihrem 0,886fachen Wert variieren (Abb. 82 b). In einer

Kurzschlußschleife mit Induktivität und Speisung durch eine Maschine mit schlechter Dämpfung wirft sich das Spannungsdreieck $R'TS'$ derart (Abb. 82c), daß der Vektor $TS'$ kleiner wird als der Vektor $R'T$. Der Vektor $TS'$ kann hierbei kleinere Werte als die 0,886fache Nennspannung annehmen. Die Sternspannungen $OR'$ und $OS'$ werden auch ungleich.

Die Schaltung Abb. 81 kann in Freileitungsnetzen nicht angewendet werden, da in ihnen zweipolige Kurzschlüsse vorherrschend sind. Dagegen wird sie in vielen Kabelnetzen bis zu 10 kV benutzt.

Der besprochene Mangel der Zweiphasenschaltung gemäß Abb. 81 kann durch Hinzunahme eines oder zweier Spannungsumschaltrelais leicht behoben werden. Derartige Umschaltrelais würden das Distanzrelais $a$ bei dem angenommenen zweipoligen Kurzschluß von der impedanzfremden Spannung $U_1$ auf die impedanzgetreue Spannung $U_2$ unverzögert umlegen, wodurch eine kurze Relaislaufzeit und eine selektive Abschaltung gewährleistet wären. Bei den phasenwinkelabhängigen Relais ist überdies zu beachten, daß nach erfolgter Spannungsumschaltung auch der richtige Phasenwinkel zur Wirkung kommt.

Die Spannungsum- bzw. Zuschaltung kann auch durch die Anregeglieder der Relais mittels Hilfskontakten ausgeführt werden, wie es z. B. die Abb. 83 deutlich zeigt. Diese Schaltung unterscheidet sich von der nach Abb. 81 außerdem dadurch, daß bei ihr die Spannungsspulen der Ablauf- und Richtungsglieder im ungestörten Betrieb stromlos sind. Sie kann ohne weitere Zusatzeinrichtungen auch dahin abgeändert werden, daß die Spannungspulen auch im Normalbetrieb erregt sind.

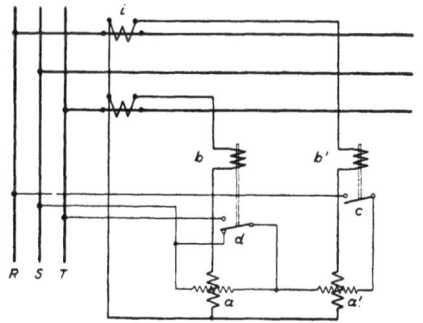

a u. a' Ablauf- und Richtungsglieder    c Arbeitskontakt    d Umschaltkontakt
b u. b' Anregeglieder    i Stromwandler.

Abb. 83. Zweipolige Distanzschutzschaltung mit Spannungsum- bzw. -zuschaltung (F. Fröhlich).

Zweipolige Schutzanordnungen mit Spannungsumschaltung werden von mehreren Firmen in verschiedenen Varianten ausgeführt.

### c) Einpolige Schutzschaltungen.

Die erste einpolige Distanzschutzschaltung wurde schon 1923 von J. Biermanns angegeben[1]). Von ihm stammt auch die beim einpoligen Distanzschutz vielfach angewendete Stromdifferenzschaltung[2]), die dadurch gekennzeichnet ist, daß dem einzigen Relais (z. B. einpoligen

---

[1]) DRP. 401965 vom 25. Okt. 1923.
[2]) DRP. 370090 vom 3. Sept. 1921.

unabhängigen Überstromzeitrelais) die Differenz zweier Phasenströme bzw. ein ihr proportionaler Strom zugeführt wird (Abb. 84). Das Relais führt demnach bei dreipoligem Kurzschluß den $\sqrt{3}$ fachen Kurzschlußstrom einer Phase (Abb. 84a), bei zweipoligem Kurzschluß zwischen den Phasen $T$ und $R$ den 2fachen Strom einer kranken Phase (Abb. 84b) und bei zweipoligem Kurzschluß zwischen den Phasen $R$ und $S$ die Differenz der Ströme einer kranken ($R$) und einer gesunden ($T$) Phase (Abb. 84c). Ähnlich liegen die Verhältnisse bei einem Kurzschluß zwischen den Phasen $S$ und $T$. Da der Strom der gesunden Phase ($i'_T$) gegenüber dem Kurzschlußstrom ($i_k$) gewöhnlich klein ist, kommt im Relais im wesentlichen nur der Strom der kranken Phase zur Geltung. Das Relais erhält also bei dieser Schaltung je nach der Art des Kurzschlusses Ströme, die sich etwa wie $1 : \sqrt{3} : 2$ verhalten.

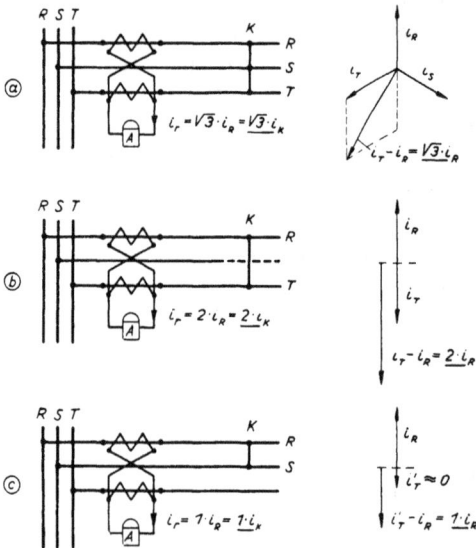

Der Größenunterschied der Ströme kann für die Widerstandsmessung leicht unschädlich gemacht werden, wenn man dem einzigen Relais oder seinem Ablaufglied jeweils die entsprechende Spannung in richtiger Größe liefert, also verkettete Spannung, halbe verkettete Spannung oder Sternspannung.

$i_r$ Relaisstrom  $K$ Kurzschlußstelle
$i_k$ Kurzschlußstrom je Phase  $i'_T$ ev. Laststrom der gesunden Phase $T$.
$A$ Überstromzeitrelais
Abb. 84. Prinzipbild und Stromdiagramme der Differenzschaltung, bestehend aus zwei Stromwandlern und einem Überstromzeitrelais.

Die erforderliche Spannungszu- und Umschaltung erfolgt je nach der Kurzschlußart durch die Anregeglieder mittels Hilfskontakten. Ein geeignetes Mittel ist auch die Halbierung der Stromstärke im Relais bei einem Kurzschluß zwischen den mit Stromwandlern ausgerüsteten Phasen (R. Widerøe). Die Halbierung wird dabei durch eine Stromdrossel, wie in Abb. 85 gezeigt, vorgenommen.

In den Abb. 85 und 86 sind zwei einpolige Distanzschutzschaltungen im Prinzip dargestellt. Sie unterscheiden sich von den zweipoligen (Abb. 81 und 83) im wesentlichen durch den Wegfall des zweiten Meß- und Richtungsgliedes. Dafür ist aber immer eine Spannungsumschaltung zwecks richtiger Widerstandsmessung erforderlich. Für das einzige Ablauf- und Richtungsglied ($a$) des Distanzrelais werden ebenfalls zwei Anregeglieder ($b$ und $b'$) gebraucht.

Die Schaltung nach Abb. 85 sieht, wie in der Zusammenstellung I·
gezeigt, für alle Kurzschlußarten die Messung von Impedanzwerten vor,
die bei satten Kurzschlüssen gleich der 2fachen Impedanz eines Leiters
sind ($2 \cdot z_2$). Die Meßwerte entsprechen also der 2fachen Streckenimpedanz bzw. der Schleifenimpedanz bei zweipoligem Kurzschluß.
Um dies zu erreichen, wird dem Meßglied $a$ in den Fehlerfällen 3 und 4,
bei denen ja beide Anregeglieder $b$ und $b'$ ansprechen, nur der jeweilige

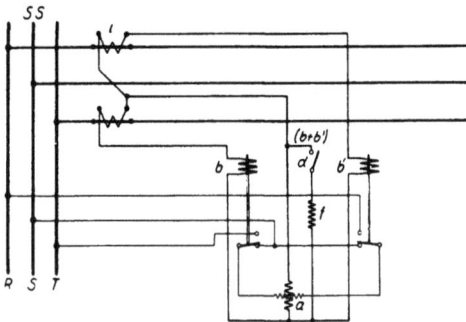

a Ablauf- und Richtungsglied des Distanzrelais
b und b' Anregeglieder des Distanzrelais
f Stromdrossel
i Stromwandler.

Abb. 85. Einpolige Distanzschutzschaltung
(AEG).

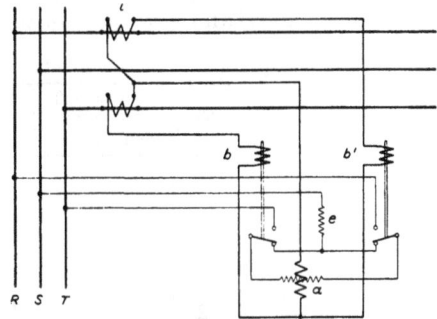

a Ablauf- und Richtungsglied des
Distanzrelais
b u. b' Anregeglieder des Distanzrelais
e Spannungsdrossel
i Stromwandler.

Abb. 86. Einpolige Distanzschutzschaltung
(SSW).

halbe Kurzschlußstrom im mittleren Leiter der Schaltung zugeführt.
Der Kontakt $d$ schaltet dann nämlich die Drossel $f$ parallel zur Stromspule des Meßgliedes. Die Widerstände der Drossel $f$ und der Stromspule des Meßgliedes $a$ sind gleich groß.

Zusammenstellung I.

| Nr. | Kurzschluß zwischen den Phasen | Relaismeßglied erfaßt |
|---|---|---|
| 1 | $RS$ | $\dfrac{u_{RS}}{i_R} = 2 \cdot z_2$ |
| 2 | $ST$ | $\dfrac{u_{ST}}{i_T} = 2 \cdot z_2$ |
| 3 | $TR$ | $\dfrac{u_{TR}}{\dfrac{i_T - i_R}{2}} = \dfrac{u_{TR}}{\dfrac{2 \cdot i_T}{2}} = 2 \cdot z_2$ |
| 4 | $RST$ | $\dfrac{u_{TR}}{\dfrac{i_T - i_R}{2}} = \dfrac{\sqrt{3} \cdot u_T}{\dfrac{\sqrt{3} \cdot i_T}{2}} = 2 \cdot z_2$ |

Da nun die Widerstandswerte aller vier Fehlerschleifen bei dieser
Schaltung gleich groß sind, so ergeben sich folglich auch gleiche Relais-

ablaufzeiten, d. h. die Relais messen und arbeiten distanzgetreu. Die Halbierung des Stromes im Meßglied ist insofern willkommen, als die Impedanzmessung durch eine eventuelle Eisensättigung bei sehr großen Kurzschlußströmen nicht so leicht beeinträchtigt werden kann.

Bei der Schaltung nach Abb. 86 mißt das Impedanzrelais in allen Kurzschlußfällen halbe Schleifenimpedanzwerte bzw. Phasenimpedanzwerte ($z_2$). Zu diesem Zwecke ist hier bei den Fehlerfällen 1 und 2 (Zusammenstellung II) der Spannungsspule des Meßgliedes $a$ ein gleich großer Widerstand $e$ vorgeschaltet (H. Neugebauer).

Zusammenstellung II.

| Nr. | Kurzschluß zwischen den Phasen | Relaismeßglied erfaßt |
|---|---|---|
| 1 | $RS$ | $\dfrac{\dfrac{u_{RS}}{2}}{i_R} = z_2$ |
| 2 | $ST$ | $\dfrac{\dfrac{u_{ST}}{2}}{i_T} = z_2$ |
| 3 | $TR$ | $\dfrac{u_{TR}}{i_T - i_R} = \dfrac{u_{TR}}{2 \cdot i_T} = z_2$ |
| 4 | $RST$ | $\dfrac{u_{TR}}{i_T - i_R} = \dfrac{\sqrt{3} \cdot u_T}{\sqrt{3} \cdot i_T} = z_2$ |

Das Ablaufglied mißt also in allen vier Fehlerfällen gleiche Impedanzwerte (Streckenimpedanz) und hat demgemäß auch gleiche bzw. distanzgetreue Ablaufzeiten.

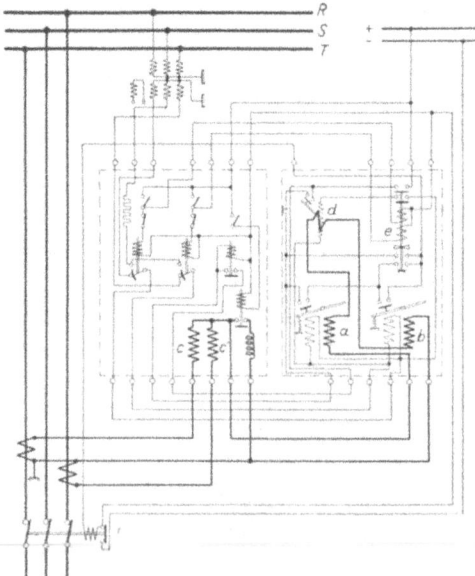

$a$ u. $b$ Impedanz-Meßglieder
$c$ u. $c'$ Überstrom-Anrege-
    glieder
$d$     Richtungsglied
$e$     Zeitwerk mit zwei Kon-
    taktpaaren.

Abb. 86 a.

Schaltung des Schnellimpedanzschutzes für ein Drehstromende. Meßglieder arbeiten hier bei Unterschreitung des eingestellten Kipp-Impedanzmeßwertes (Sparschaltung).
Die Schaltung, bei der die Meßglieder erst bei Überschreitung des eingestellten Kipp-Impedanzmeßwertes arbeiten, ist noch einfacher, vgl. auch die Prinzipschaltung Abb. 59 a.

In Abb. 86a ist eine vollständige Schaltung einer Schnell-Impedanz-schutzeinrichtung (einpolig, einsystemig) für ein Drehstrom-Leitungsende dargestellt. Die zwei Stromwandler sind in Differenzschaltung geschaltet, die Anregung erfolgt durch zwei Überstrom-Anregeglieder, der Ablauf in drei Stufen durch zwei Meßglieder in Überlagerung und ein Zeitrelais (vgl. auch Kapitel G unter 2, Abb. 58). Die erforderliche Spannungsumschaltung geschieht durch zwei Hilfsrelais.

## 2. Schutzschaltungen mit besonderer Doppelerdschlußerfassung.

Die bisher besprochenen Schaltungen sind für Netze mit nicht kurzgeerdetem Systemnullpunkt bestimmt, d. h. für Netze, deren Nullpunkt überhaupt nicht oder über einen sehr hohen Widerstand (Petersenspule u. dgl.) an Erde gelegt ist. Sie eignen sich in diesen Netzen gut zur selektiven Erfassung von drei- und zweipoligen Kurzschlüssen. Für die Erfassung von Doppelerdschlüssen sind sie weniger am Platze, weil die

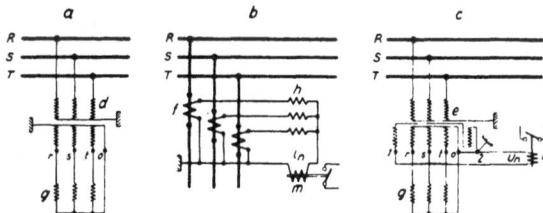

d Erdungsdrossel
e Erdungsdrossel mit Hilfswicklung auf dem 4. und 5. Schenkel
f Stromwandler
g Spannungskreise der Distanzrelais

h Stromkreise der Distanzrelais
m Unsymmetrierelais (Summenstrom $i_n$)
n Unsymmetrierelais (Nullpunktspannung $u_n$).

Abb. 87. Schaltungen für die Gewinnung der Schleifenspannung. Leiter—Erde, des Summenstromes und der Nullpunktspannung.

Distanzrelais an der ganzen oder halben verketteten Spannung liegen, die bekanntlich bei Doppelerdschluß längs der Stromschleifen oft einen anderen Verlauf als bei einem gewöhnlichen Kurzschluß aufweist. Die Relais haben dabei verhältnismäßig hohe Auslösezeiten und können wegen der geringeren Spannungsunterschiede zwischen benachbarten Stationen, bedingt durch die hohen Widerstände an den beiden Erdschlußstellen, unter Umständen falsch abschalten. Auf diesen Zusammenhang haben J. Biermanns und O. Mayr schon 1923 und 1924 hingewiesen. Sie haben daraufhin die bestehenden Schaltungen ergänzt und weitere Schaltungen angegeben, bei denen den Distanzrelais in Doppelerdschlußfällen statt der verketteten Spannung die Spannung der Schleife: Leiter—Erde zugeführt wird. Die Spannung der Schleife: Leiter—Erde wird vielfach Spannung gegen Erde oder kurz Erdspannung genannt.

Für die Gewinnung der Schleifenspannung: Leiter—Erde am Einbauort der Relais ist erforderlich, daß der Sternpunkt des Spannungswandlers (Erdungsdrossel) auf der Hochspannungseite kurz geerdet wird (Abb. 87 a und 87 c). Die Umschaltung der Distanzrelais von der verketteten Spannung oder Sternspannung auf die Spannung der Schleife: Leiter—Erde kann durch ihre Anregeglieder oder durch besondere Hilfsrelais erfolgen. Die letzteren werden durch den Unsymmetriestrom[1]) oder durch die Nullpunktspannung[2]) erregt. Die Schaltung zur Aussiebung des Summenstromes geht aus Abb. 87 b, die Schaltung zur Gewinnung der Nullpunktspannung aus Abb. 87 c hervor[3]).

In Abb. 88 sind die Spannungspulen der Relaisablauf- und Richtungsglieder $a$, $b$ und $c$ im ungestörten Betrieb in Stern geschaltet und im Sternpunkt kurz geerdet. Bei

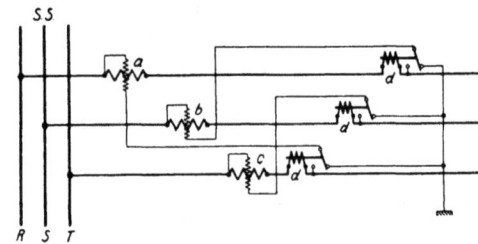

a, b und c Ablauf- und Richtungsglieder der Distanzrelais, d Anregeglieder der Distanzrelais.
Abb. 88. Distanzschutzschaltung nach J. Biermanns und G. J. Meyer.

dreipoligem Kurzschluß werden die Spannungsspulen aller drei Distanzrelais durch die Anregeglieder $d$ unverzögert an die verketteten Spannungen gelegt. Im zweipoligen Kurzschluß wird dagegen nur einem der beiden vom Kurzschlußstrom durchflossenen Distanzrelais verkettete Spannung zugeführt, während das andere weiter an Sternspannung liegen bleibt. Der Grund hierfür liegt darin, daß die Spannungsumschaltung eines Distanzrelais nicht vom zugehörigen Anregeglied, sondern von einem Anregeglied der beiden anderen Distanzrelais erfolgt.

Im Doppelerdschluß, der bekanntlich dem zweipoligem Kurzschluß wesensverwandt ist, wird der Spannungspfad des einen vom Kurzschlußstrom durchflossenen Distanzrelais ebenfalls nicht umgeschaltet. Nur mißt hier der betreffende Spannungskreis nicht mehr die Sternspannung, sondern die Spannung der Schleife: Leiter—Erde, die in Freileitungsnetzen etwa so groß ist wie die gestörte verkettete Spannung. Das Relais-Ablaufglied erfaßt dabei die Sekundärimpedanz der Schleife: Leiter—Erde $z_0$, vgl. auch die entsprechenden Ausführungen sowie die Abb. 48 im Kapitel F.

Die Gleichung für die Arbeitszeit eines Impedanzrelais im Doppelerdschluß ist bei dieser Schaltung

$$t^{\mathrm{I}} = t_0 + \mathrm{tg}\,\alpha \cdot \frac{u_0}{i} = t_0 + \mathrm{tg}\,\alpha \cdot z_0 \quad \ldots \ldots \quad (56)$$

[1]) Summenstrom der Drehstromleitung.
[2]) Spannung zwischen Systemnullpunkt des Netzes und Erde.
[3]) Weitere Schaltungen siehe M. Walter, Selektivschutzeinrichtungen für Hochspannungsanlagen, Verlag R. Oldenbourg, München 1929, S. 122 bis 124. — Vgl. auch E. Groß, E. u. M. Bd. 46 (1928), S. 1215.

Hierin bedeutet $u_0$ die Sekundärspannung zwischen dem betroffenen Leiter und Erde am Einbauort des Relais. Da $z_0 \approx z_2^{II}$ ist, so ist $t^I \approx t^{II}$ (siehe Gl. (49)). Für die Relaislaufzeit bei zwei- und dreipoligem Kurzschluß gelten hier die Gl. (48) und (49), weil bei diesen Fehlerfällen die Schaltungen nach Abb. 76 und 88 die gleichen sind.

Die Schutzschaltung Abb. 89 wirkt bei drei- und zweipoligen Kurzschlüssen (symmetrische Fehler!) genau so wie die Schaltung Abb. 76. Bei Doppelerdschluß (unsymmetrischer Fehler!) werden hingegen die Spannungspfade aller drei Relais unverzögert durch das Unsymmetrierelais $m$ an die Spannung der Schleife: Leiter—Erde

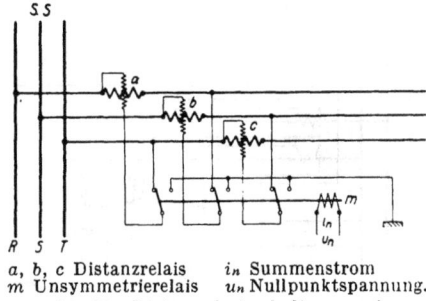

$a, b, c$ Distanzrelais    $i_n$ Summenstrom
$m$ Unsymmetrierelais    $u_n$ Nullpunktspannung.
Abb. 89. Distanzschutzschaltung nach J. Biermanns.

gelegt. Für die Relaislaufzeit $t^I$ im Doppelerdschluß ist die Zeitgleichung (56) bestimmend. — Schaltungen nach Abb. 76 können leicht durch Unsymmetrierelais in diesem Sinn ergänzt werden.

In Abb. 90 ist die Schaltung nach Abb. 78 durch ein Unsymmetrierelais ($m$) erweitert, das die im Doppelerdschluß vom Fehlerstrom durchflossenen Distanzrelais über den Kontakt $f$ an die Spannung der Schleife: Leiter—Erde schaltet. Die Relaislaufzeit ergibt sich bei diesem Fehlerfall aus der Formel

$$t^I = t_0 + \operatorname{tg}\alpha' \cdot \frac{u_0}{i} = t_0 + \operatorname{tg}\alpha' \cdot z_0 \quad \ldots (57)$$

Sie ist größer als $t^{II}$ oder $t^{III}$, vgl. auch Gl. (52) und (53). Legt man jedoch zwischen den Sternpunkt der Relaisspannungspulen und Erde eine Drossel ($h$) gleicher Charakteristik wie die Spannungspulen

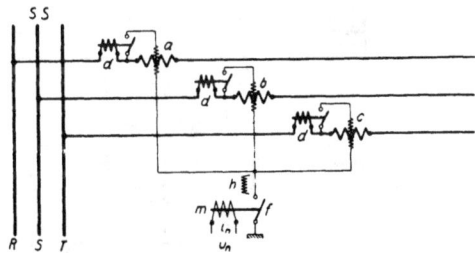

$a, b, c$ Ablauf- und Richtungsglieder der Distanzrelais
$d$ Anregeglieder der Distanzrelais
$m$ Unsymmetrierelais
$f$ Kontakt
$h$ Drossel.
Abb. 90. Distanzschutzschaltung nach O. Mayr und W. Schäfer.

(W. Schäfer), so wird die Schleifenspannung: Leiter—Erde $u_0$ praktisch halbiert. Die Relaislaufzeit ergibt sich dann aus der Zeitgleichung

$$t^I = t_0 + \operatorname{tg}\alpha' \cdot \frac{u_0}{2\cdot i} = t_0 + \operatorname{tg}\alpha' \cdot \frac{z_0}{2} \quad \ldots \ldots (58)$$

Dadurch ist $\qquad\qquad t^I \approx t^{II} \approx t^{III}$.

Die Distanzrelais haben also bei allen Fehlerarten praktisch gleiche bzw. distanztreue Ablaufzeiten.

Die Schaltung nach Abb. 91 stellt eine Erweiterung der Schaltung nach Abb. 80 dar. In ihr sind die Anregeglieder $d$ der Distanzrelais nicht mehr in Stern, sondern in Dreieck geschaltet, so daß sie nunmehr Phasenstrom an Stelle von verkettetem Strom führen (E. Groß). Die erforderliche Spannungsumschaltung wird durch die Anregeglieder $d$ herbeigeführt. Die Distanzrelais messen in allen Fehlerarten halbe Schleifenimpedanzwerte und arbeiten dabei praktisch mit den gleichen Auslösezeiten.

In neuerer Zeit ist man bestrebt, die Doppelerdschlußschaltungen dahin zu erweitern, daß nur eine von den beiden Erdschlußstellen selektiv abgetrennt wird, die andere dagegen weiter bestehen bleibt. (Bei Verwendung von Erdschlußlöscheinrichtungen ist das Weiterbestehen eines Erdschlusses für den Betrieb für mehrere Stunden unbedenklich. In der Zwischenzeit kann die Betriebsleitung die Energie auf andere Leitungen umleiten und den bestehenden Erdschluß beseitigen.) Das selektive Abschalten nur einer Erdschlußstelle wird durch besondere Einrichtungen erzielt, welche die Relais nur der einen vom Fehlerstrom durchflossenen Phase freigeben oder diese Phase durch Zuführung der richtigen kleineren Spannung bevorzugen.

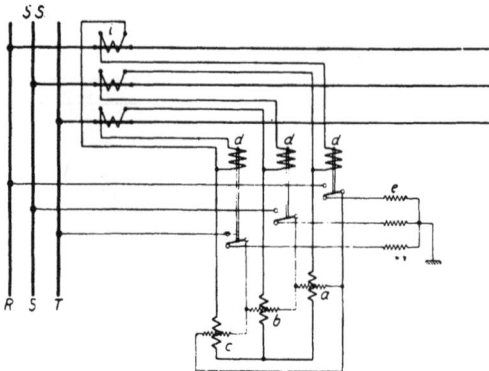

a, b, c Auflauf- und Richtungsglieder der Distanzrelais
d Anregeglieder der Distanzrelais
e Spannungsdrossel
i Stromwandler.
Abb. 91. Distanzschutzschaltung nach E. Groß.

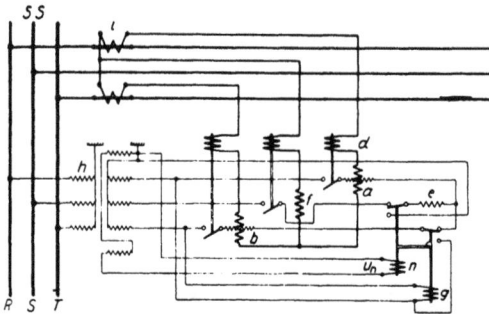

a, b Ablauf- und Richtungsglieder der Distanzrelais
d Anregeglieder der Distanzrelais
e Spannungsdrossel
f Stromdrossel
g Unterspannungsrelais
h Fünfschenkelspannungswandler
i Stromwandler
n Unsymmetrierelais.
Abb. 92. Distanzschutzschaltung nach E. Groß und
R. Wideröe.

Abb. 92 zeigt eine derartige zweipolige Schaltung. Die Erfassung nur einer Erdschlußstelle bedingt hier, daß die Distanzrelais der einen Phase schneller auslösen als die der anderen betroffenen Phase. Da bei der zweipoligen Schutzschaltung eine Phase überhaupt keine Distanzrelais hat, so ist die gestellte Bedingung von selbst schon für zwei Drittel der möglichen Doppelerdschlüsse erfüllt. Tritt der Doppelerdschluß jedoch zwischen den zwei mit Distanzrelais versehenen Phasen $R$ und $T$ auf, so wird das Distanzrelais $b$ durch das Unterspannungsrelais $g$ an die verkettete Spannung zwischen $T$ und $R$, das Distanzrelais $a$ durch das Unsymmetrierelais $n$ über die Drossel $e$ an die Spannung der Schleife: Leiter—Erde gelegt. Da das Distanzrelais $a$ eine kleinere Spannung als das Distanzrelais $b$ erhält, so veranlaßt es die Abschaltung. Die Schaltung Abb. 92 bewirkt, daß sowohl Impedanzrelais als auch phasenwinkelabhängige Distanzrelais bei allen Fehlerarten mit gleicher Laufzeit arbeiten.

Die einpoligen Schutzschaltungen nach Abb. 85 und 86 mit einer noch hinzukommenden Spannungs-Umschalteinrichtung eignen sich gleichfalls gut zur eindeutigen Erfassung von Doppelerdschlüssen. Die Sondereinrichtung wacht darüber, daß auch in den schwierigsten Fällen — der Doppelerdschluß tritt in den mit Stromwandlern ausgerüsteten Phasen auf — die Relais auf die elektrischen Größen einer und derselben Phase reagieren und nur eine Fehlerstelle abtrennen.

In den beschriebenen Doppelerdschlußschaltungen wird die Umschaltung nur in den Spannungspfaden vorgenommen. Die Firma BBC sieht in einer Anordnung überdies auch die Umschaltung im Stromkreis vor. Bei manchen Schaltungen ist es mitunter zweckmäßig, im Fehlerfalle einen Stromwandler kurzzuschließen (E. Groß).

## 3. Ergänzungs-Einrichtungen für selektive Erdschlußanzeige.

In nicht kurzgeerdeten Netzen führt die Berührung einer Phase mit Erde bekanntlich zu einem Erdschluß. Derartige Netzfehler schalten die Distanzrelais in den meisten Fällen nicht ab, was im allgemeinen auch nicht erwünscht ist, insbesondere nicht in kompensierten Netzen. Die mit Erdschluß behafteten Anlageteile werden vielmehr durch besondere Erdschlußanzeigerelais kenntlich gemacht.

Da Erdschlüsse in Hochspannungsnetzen, besonders in Freileitungsnetzen, häufiger als Kurzschlüsse auftreten, hat sich die selektive Erd-schlußanzeige in vermaschten Netzen mit und ohne Erdschlußkompensation als notwendige Schutzeinrichtung erwiesen. Die Anzeige kann durch zwei Maßnahmen erzielt werden: Entweder versieht man alle Hochspannungsschalter mit Erdschlußanzeigerelais oder rüstet nach einem Vorschlag des Verfassers nur die Schalter in einigen Stationen mit Erdschlußrelais aus. Im letzten Fall erhalten aber ausgewählte Schalter der übrigen Stationen verzögerte Nullpunktspannungsrelais, die im Erdschlußfall das Netz in Stichleitungen zerlegen. Die vom Erd-schluß betroffene Stichleitung wird dann durch das zugehörige Anzeigerelais kenntlich gemacht.

In der dreipoligen Schutzschaltung nach Abb. 93 ist ein solches (wattmetrisches) Erdschlußanzeigerelais e eingezeichnet. Es liegt an der Nullpunktspannung und wird vom Unsymmetriestrom durchflossen, beides elektrische Größen, die erst im Erdschlußfall durch die Strom- und Spannungswandler (Erdungsdrosselspulen) der Distanzrelais geliefert werden. Zu einer dreipoligen Distanzschutzeinrichtung je Hochspannungschalter ist also lediglich ein wattmetrisches Erdschlußanzeigerelais hinzuzufügen.

Schwieriger liegen die Verhältnisse jedoch bei den zweipoligen Distanzschutzeinrichtungen. Hier muß außer dem Erdschlußanzeigerelais ein dritter Netzstromwandler hinzugenommen und für eine einheitliche Stromwandlerbürde in allen drei Phasen Sorge getragen werden[1].

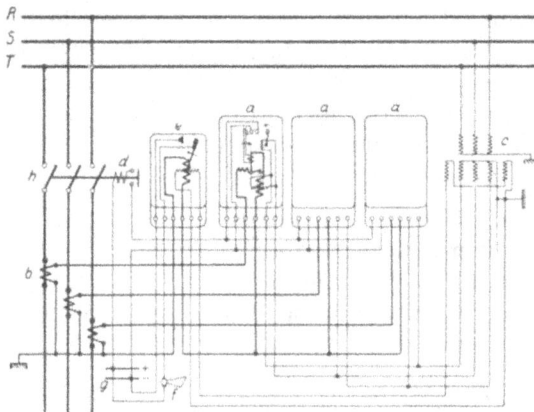

| | |
|---|---|
| a Distanzrelais | e Erdschlußrelais |
| b Stromwandler | f Hupe |
| c Fünfschenkelspannungs- | g Gleichstromquelle |
| wandler | h Hochspannungs- |
| d Auslösemagnet | schalter. |

Abb. 93. Prinzipschaltung von Distanzrelais für Drehstrom in Verbindung mit einem Erdschlußrelais.

In der Schutzschaltung nach Abb. 92 ist die dritte Bürde (Drossel f) bereits enthalten.

Einpolige Schutzschaltungen lassen sich für die selektive Erdschlußanzeige praktisch nicht leicht ergänzen, es sei denn, daß drei weitere Stromwandler je Hochspannungschalter zur Aussiebung des Unsymmetriestromes eingebaut werden.

## 4. Anwendungsgebiete der Schutzschaltungen sowie Winke für den Einbau und Anschluß der Relais.

Die Wahl einer Distanzschutzschaltung für ein bestimmtes Netz wird einerseits durch die Art der Behandlung des Systemnullpunktes, andererseits durch die Beschaffenheit des Netzes selbst beeinflußt.

---

[1] Vgl. E. Groß und W. Weller, E. u. M. Bd. 50 (1932), S. 120.

Drehstromnetze, deren Systemnullpunkt hochohmig oder überhaupt nicht geerdet ist, also Netze, wie sie nahezu in allen Ländern, außer den überseeischen, zahlenmäßig vorherrschen, können grundsätzlich mit allen hier besprochenen Distanzschutzschaltungen ausgerüstet werden. In diesen Netzen brauchen die widerstandabhängigen Relais nämlich nur zwei- und dreipolige Kurzschlüsse, zwei- und dreipolige Erdkurzschlüsse und Doppelerdschlüsse selektiv abzuschalten.

Abb. 94. Distanzrelais und Erdschlußrelais der AEG für vier Leitungsabzweige auf zwei Relaistafeln (dreipolige Ausrüstung).

Einpolige Erdschlüsse werden durch die Distanzrelais aus den bekannten Gründen[1]) in den meisten Fällen überhaupt nicht abgeschaltet.

Anders liegen die Verhältnisse in Drehstromnetzen mit kurzgeerdetem Systemnullpunkt. In solchen Netzen können eigentlich nur die dreipoligen Schutzschaltungen aus Abschnitt 2 angewendet werden, da dort meist einpolige Kurzschlüsse auftreten, zu deren Erfassung aber für jede Phase ein Stromwandler und ein widerstandabhängiges Relais erforderlich sind[2]). Zuweilen werden in Netzen mit kurzer Nullpunkterdung sogar Sechsrelaisschaltungen angewendet.

---

[1]) Siehe S. 12.

[2]) In jüngster Zeit sind für derartige Netze auch Einrelais-Schaltungen mit drei Stromwandlern entwickelt worden.

Abb. 94 a. Distanzrelais der AEG für einen Leitungsabzweig
auf einer Relaistafel (dreipolige Ausrüstung).

Abb. 94 b. Schnelldistanzschutz der AEG für Einphasen-Netze mit
$16\,^{2}/_{3}$ Hz, Ausrüstung für einen Ölschalter, s. a. Abb. 144.

Netze mit nicht kurzgeerdetem Systemnullpunkt interessieren hier am meisten, die weiteren Betrachtungen sollen daher auf diese beschränkt werden.

In Freileitungsnetzen mit nicht kurzgeerdetem Systemnullpunkt hat man es vorwiegend mit zweipoligen Kurzschlüssen zu tun, zu denen schlechthin auch die Doppelerdschlüsse zählen. Infolgedessen müssen die Distanzschutzeinrichtungen hier dreipolig ausgeführt sein, sofern man von der Anwendung besonderer Umschalteinrichtungen im Spannungskreis der Schutzausrüstung (Abb. 83) absieht. In Kabelnetzen dagegen genügt unter Umständen die einfache zweipolige

Zweipolige Ausrüstung.                                 Dreipolige Ausrüstung.
Abb. 95. Distanzrelais der BBC für einen Leistungsabzweig auf einer Relaistafel.

Schutzschaltung nach Abb. 81, da sich in ihnen zweipolige Kurzschlüsse in ganz kurzer Zeit fast immer zu dreipoligen erweitern. Dies gilt insbesondere für Netze mit einer Betriebspannung bis zu 10 kV. Unsere Annahme trifft um so mehr zu, als die Kurzschlußleistung in den Netzen allgemein von Jahr zu Jahr steigt und die damit verbundene große Wärmewirkung bei Kurzschluß den Durchbruch zur gesunden Phase sehr schnell bewirkt. Auch ist der Fortbestand zweipoliger Kurzschlüsse an Kabelendverschlüssen und Sammelschienen bei höheren Kurzschlußleistungen zu bezweifeln.

Netze, die unter Doppelerdschlüssen leiden, wird man mit Schaltungen gemäß Abschnitt 2 versehen. Hierher gehören vornehmlich

8*

Freileitungsnetze mit Eisenmasten und Erdseilen. Netze mit Holzmasten, insbesondere wenn deren Isolatorenträger nicht geerdet sind, weisen weniger Doppelerdschlüsse auf. In Kabelnetzen sind Doppelerdschlüsse an und für sich eine Seltenheit. Durch die vor mehreren Jahren fast überall vorgenommene Verbesserung der Isolatoren sowie durch die allgemeine Erhöhung der Isolation der Netze ist auch die Zahl der Doppelerdschlüsse in den Hochspannungsnetzen beträchtlich zurückgegangen.

Für den Anschluß der widerstandsabhängigen Relais (vgl. z. B. Abb. 93) ist, wie bei allen wattmetrischen Schaltungen, die Drehfeld-

Abb. 96. Distanzrelais von Siemens für einen Leitungsabzweig auf einer Relaistafel (dreipolige Ausrüstung).

richtung des Dreiphasensystems zu berücksichtigen. Um die Schaltungen leichter zu überprüfen, baut man die Stromwandler so ein, daß ihre Anschlußklemmen $K$ und $k$ (früher $L_1$ und $l_1$) einheitlich nach den Sammelschienen oder einheitlich nach dem Schützling, beispielsweise nach dem Kabel, gerichtet sind. Dabei ist zu empfehlen, den Sternpunkt der Sekundärwicklungen der Stromwandler auf der Seite des Schützlings zu bilden. Außerdem ist für die Anschlüsse der Strom- und Spannungswandler die gleiche Phasenfolge einzuhalten. Dann ist es bei der Inbetriebnahme der Relais ein Leichtes, den richtigen Anschluß der Distanzrelais mit Hilfe eines Drehfeldrichtungsanzeigers zu überprüfen. Sollte nach dieser Maßnahme an der Drehrichtung der Richtungsglieder noch eine Unstimmigkeit festzustellen sein, so ist der Wickelsinn der Wandlerspulen zu überprüfen. Derartige Fehler kommen jedoch an Stromwandlern äußerst selten vor, an Spannungswandlern praktisch gar nicht.

Den Querschnitt der Zuleitungen von den Stromwandlern zu den Relais wählt man zweckmäßig nicht unter 6 mm² Kupfer. Die Ver-

Abb. 97. Siemens-Reaktanzschutz für einen Leitungsabzweig auf einer Normaltafel (einpolige Ausrüstung).

bindungsleitungen zwischen den Spannungswandlern und den Relais können schwächeren Querschnitt besitzen.

Während für den Anschluß der Distanzrelais einer Station je Sammelschienensystem ein Fünfschenkel-Spannungswandler, ein Drehstrom-Spannungswandler[1]) oder zwei Einphasen-Spannungswandler in V-Schaltung[1]) genügen, sind für jede von der Station abgehende Leitung drei bzw. zwei Stromwandler erforderlich.

---

[1]) Für Doppelerdschlußerfassung ungeeignet.

Zum Schutz der Meßkreise und des Bedienungspersonals bei etwaigen Übertritt der Hochspannung in die Niederspannungseite werden die Sternpunkte der Sekundärwicklungen und die Gehäuse der Strom- und Spannungswandler stets geerdet.

Die Abb. 94 bis 97 sowie die Abb. 112a geben Ansichten von einigen Relaissätzen in drei-, zwei- und einpoliger Schaltung wieder. Sie sollen dem Leser auch Winke für die Montagemöglichkeit geben.

## 5. Zusammenfassung und Schlußbemerkungen.

Die dreipolige Schutzanordnung von Relais nach dem Widerstandsverfahren ist am weitesten verbreitet und auch noch heute führend.

Die zweipolige Schutzanordnung ohne Umschaltung auf die impedanzgetreue Spannung und ohne Umschaltung auf die Spannung: Leiter—Erde ist in Europa die älteste. Sie wurde schon im März 1923 im 4-kV-Kabelnetz der Stadt Karlsruhe angewendet und ist seitdem in vielen anderen großen und kleinen Kabelnetzen bis zu 10 kV mit gutem Erfolg eingeführt. Diese Schaltung ist sehr einfach und übersichtlich, jedoch nur in Kabelnetzen zulässig.

Die zwei- und einpoligen Schutzanordnungen mit selbsttätiger Umschaltung auf die impedanzgetreue Spannung wurden wesentlich später eingeführt. Sie eignen sich zum Schutze von Kabel- und Freileitungsnetzen. Diese Schaltungen bieten wirtschaftliche Vorteile, anderseits ist aber die Anzahl der Kontakte höher als bei normalen Distanzrelais. Ferner ist zu beachten, daß die zwei Stromwandler bzw. Relais im ganzen Netz in die gleichen Phasen einzubauen sind.

Bei den im Abschnitt 2 angegebenen Schaltungen wird für eine geeignete Erfassung des Doppelerdschlusses die Spannung: Leiter—Erde durch Umschalteinrichtungen herangezogen. Die Umschaltung von der verketteten Spannung auf die Spannung: Leiter—Erde oder umgekehrt kann erfolgen:

a) durch die Anregeglieder der Distanzrelais (Abb. 88 und 91),
b) durch die Unsymmetrierelais, die vom Summenstrom oder von der Nullpunktspannung gesteuert werden (Abb. 89, 90),
c) durch die Spannungs-Umschaltrelais der zwei- und einpoligen Schutzschaltungen (Abb. 92).

Die selektive Anzeige des von einem Erdschluß betroffenen Leiters (Freileitung oder Kabel) ist in vermaschten und nicht vermaschten Netzen nur bei dreipoligen Schutzausrüstungen ohne weitere Aufwendungen, abgesehen von wattmetrischen Erdschlußrelais, möglich. Bei den zweipoligen Wandler- und Relaisausrüstungen müßte noch ein dritter Stromwandler je Leitungsende hinzugefügt werden, ferner wären, um symmetrische Vorbedingungen zu schaffen, Ersatzimpedanzen für die weggebliebenen Distanzrelais notwendig. Bedingung ist außerdem, daß entsprechende Meßwandler zur Gewinnung der Nullpunktspannung vorhanden sind.

## L. Gleichstrom- und Wandlerstrom-Auslösung.

Die Auslösung der Hochspannungsschalter wird in Distanzschutzanlagen je nach den vorliegenden Verhältnissen entweder durch Hilfsstrom (Gleichstrom) oder durch Kurzschlußstrom (Wandlerstrom) bewerkstelligt. Für diejenigen Stationen, in denen eine Gleichstromquelle
zur Verfügung steht und eine dauernde Bedienung in Aussicht genommen ist, wird man zweckmäßig Relais für Gleichstromauslösung vorsehen. Ist jedoch in einer Station[1]) keine Hilfsstromquelle vorhanden,
so ist die Wandlerstromauslösung am Platze, bei der bekanntlich die
Auslöser an den Schaltern durch den Sekundärstrom der Leitungs-
stromwandler betätigt werden. Es muß gleich vorweggenommen
werden, daß die Wandlerstromauslösung eigentlich nur in solchen
Netzen angewendet werden sollte, wo der Kurzschlußstrom größer ist
als der Nennstrom. Diese Bedingung trifft gewöhnlich für Netze mit
Betriebsspannungen von 3 bis 30 kV zu. — Beide Auslösearten sind seit
den Anfängen des Schalterbaues bekannt und haben sich im Betrieb
bewährt.

### 1. Gleichstromauslösung.

Die Gleichstromauslösung wird hauptsächlich als Arbeitsstromauslösung ausgeführt. Unter Arbeitsstromauslösung versteht man eine
Auslösung, bei welcher der Strom in der Erregerspule des Auslösers im
Moment des vollzogenen Relaisablaufes eingeschaltet
oder verstärkt wird (vgl. Abb. 98). Das Relais selbst
besitzt dabei einen Arbeitskontakt (Schließkontakt).
Die Auslöser stellen Magnete mit Klapp- oder Tauch-
ankern dar (vgl. z. B. Abb. 4 und 5), die nach erfolgter Erregung mechanisch das Schalterschloß ent-
kuppeln und damit die Ausschaltbewegung des
Schaltgerätes einleiten. Besonders wichtig ist hierbei, daß die Magnetsysteme nicht nur bei voller
Nennspannung der Auslösestromquelle, sondern
auch noch bei einer um 20% niedrigeren Spannung sicher arbeiten. Außerdem empfiehlt es sich,
die Nennspannung der Auslösestromquelle nach
Möglichkeit nicht unter 36 V festzulegen, um die
Spannungsabfälle an den Übergangswiderständen

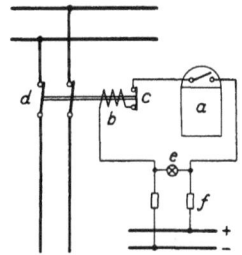

a Relais — b Auslöser —
c Unterbrechungskontakt
— d Leistungsschalter —
e Glimmlampe — f Siche-
rungen.

Abb. 98. Prinzipschaltung
der Gleichstromauslösung
für Relais mit Arbeits-
kontakten.

des Relaiskontaktes, des Unterbrechungskontaktes an der Schalterwelle
und schließlich der Verbindungstellen klein zu halten. Denn die Übergangswiderstände rufen bei niedrigeren Betätigungspannungen infolge
der damit verbundenen höheren Ströme größere Spannungsabfälle
hervor.

---

[1]) Es handelt sich gewöhnlich um kleine Stationen.

Zu gering ausgelegte AW-Zahlen der Auslöser und zu niedrig gewählte Nennspannungen der Auslösestromquellen geben leider sehr oft Anlaß zu Auslöseversagern und damit zur Störung der von den Relais bewirkten Selektivität. Ferner ist eine gute Wartung der Sammlerbatterien und der dazugehörigen Ladeeinrichtungen erforderlich. Überdies empfiehlt es sich, selbsttätige Kontrolleinrichtungen mit optischer und akustischer Signalgabe für den gesamten Gleichstrom-Auslösekreis vorzusehen.

Mit Rücksicht auf die Auslösespule, die Relaiskontakte und die Hilfstromquelle ist es bei der Gleichstromauslösung notwendig, den Auslösekreis nach erfolgter Abschaltung des Schalters zwangläufig zu unterbrechen. Die Unterbrechung geschieht normal durch den Walzenschalter an der Schalterwelle (vgl. Abb. 93 und 98). Ferner ist es notwendig, den Auslösestromkreis gegen Kurzschluß und zur gefahrlosen Bedienung der Relais doppelpolig abzusichern.

## 2. Wandlerstromauslösung.

Die Wandlerstromauslösung ist an und für sich auch eine Arbeitstromauslösung. Sie unterscheidet sich von der Gleichstrom-Arbeitstromauslösung dadurch, daß bei ihr der Auslöser am Schalter im Moment des vollzogenen Relaisablaufes, d. h. nach dem Öffnen oder Schließen des Relaisauslösekontaktes vom Sekundärstrom eines Stromwandlers erregt wird. Die Relais können dabei mit einem Ruhekontakt (Öffnungskontakt) oder mit einem Arbeitskontakt (Schließkontakt) versehen sein. Nach der Art der Kontaktausführung teilt man die Wandlerstromauslösung zweckmäßig in

a) Wandlerstromauslösung für Relais mit Ruhekontakten und

b) Wandlerstromauslösung für Relais mit Arbeitskontakten

ein. Im folgenden werden die beiden Arten der Wandlerstromauslösung in ihren Grundzügen besprochen. Es gibt noch einige Abarten, die aber eine ganz untergeordnete Rolle spielen.

a) Wandlerstromauslösung für Relais mit Ruhekontakten.

Die Prinzipschaltung der Wandlerstromauslösung für Relais mit Ruhekontakten ist in einphasiger Darstellung aus Abb. 99 ersichtlich; sie zeigt die zwei Ruhekontakte des Relais $f$ und $f'$, die normalerweise geschlossen sind. Im ungestörten Betrieb fließt der Strom nur im Stromkreis $I$, so daß die Leistungsaufnahme des Relais lediglich durch sein Anregeglied $b$ gegeben, also relativ gering ist (etwa 5 VA). Bei Auftreten eines Überstromes öffnet das Anregeglied $b$ den Ruhekontakt $f$ praktisch unverzögert, wonach sich der Strom in den mit $II$ bezeichneten Nebenschluß über die Erregerwicklung des Ablaufgliedes $c$ ergießt.

Nach einer gewissen Zeit (Relaisablaufzeit) wird der Kontakt $f'$ geöffnet. Dann fließt der Strom in den mit $III$ bezeichneten Nebenschluß über den Arbeitsstromauslöser $d$, welcher die Auslösung des Hauptschalters $e$ herbeiführt.

Für die dreipolige Schutzausrüstung sind bei den bekanntesten Ausführungen mindestens z w e i Auslöser erforderlich (Abb. 100). Wird eine Anlage nur zweipolig geschützt, so genügt bei entsprechender Wahl der Innen- und Außenschaltung der Relais auch ein Auslöser.

Um Mißverständnisse zu vermeiden, sei ausdrücklich betont, daß die Wandlerstromauslösung, d. h. die Auslösung der Ölschalter durch Arbeitsstromauslöser, die von Stromwandlern gespeist wer-

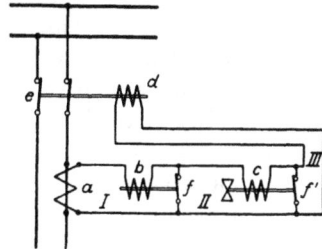

a Stromwandler   e Hochspannungs-
b Anregeglied        schalter
c Ablaufglied      f u. f' Ruhekon-
d Auslöser               takte
Abb. 99. Prinzipschaltung der
Wandlerstromauslösung für Relais
mit Ruhekontakten (vgl. a. Abb. 22).

den, grundsätzlich zu unterscheiden ist von der Auslösung der Ölschalter durch Arbeits- oder Ruhestromauslöser, die an Spannungswandler bzw. Leistungstransformatoren angeschlossen sind. Auslöser, die von Spannungswandlern oder Leistungstransformatoren der Netzanlage gespeist werden, arbeiten in Selektivschutzanlagen wegen der bekannten Spannungssenkung bei Kurzschluß unzuverlässig; denn die Ruhestromauslöser werfen bei zusammengebrochener Spannung unter Umständen die Ölschalter wahllos heraus, während die Arbeitsstromauslöser je nach der Höhe der Netzspannung bei Kurzschluß die Auslösung der Schalter meistens nicht herbeiführen können. Die Wandler-

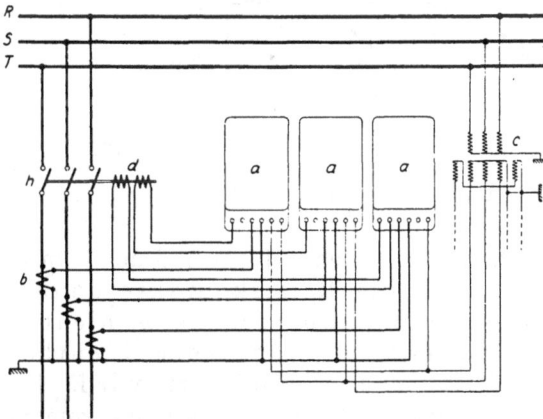

a Distanzrelais        h Hochspannungsschalter
b Stromwandler      c Fünfschenkelspannungs-
d Auslösemagnete       wandler
Abb. 100. Prinzipschaltung (äußere) von Distanzrelais
für Drehstrom (Wandlerstromauslösung).

stromauslösung wirkt dagegen um so sicherer, je größer der Kurzschlußstrom ist, und zwar auch dann, wenn die Netzspannung an der Einbaustelle der Wandler und Relais nahezu auf Null Volt zurückgeht; denn die Ströme können dabei in der Sekundärwicklung je nach der angeschlossenen Bürde und je nach dem Sättigungsgrad im

Eisenkern der Stromwandler auf den 30- bis 40fachen Wert des Nennstromes ansteigen. Die Auslösung erfolgt auch dann noch sicher, wenn Schlüpfkupplung und Arbeitsstromauslöser des Ölschalters sich durch Verschmutzen und Verrostung in verwahrlostem Zustande befinden. Zwischenschalter im Auslösekreis, wie Walzenschalter oder Relais, fallen bei dieser Auslöseart weg.

Erfahrungen der Praxis und theoretische Überlegungen zeigen, daß die Beanspruchung der Öffnungskontakte bei der Wandlerstromauslösung viel geringer ist, als man allgemein annimmt. Zunächst spricht für diese Tatsache der Umstand, daß man es mit Wechselstrom zu tun hat, bei dem an und für sich in jeder Halbwelle ein Nulldurchgang des Stromes stattfindet, wodurch die beim Schaltvorgang auftretenden Lichtbogenlängen im Gegensatz zu solchen bei Gleichstrom wesentlich verkürzt werden. Dann ist zu beachten, daß das Schalten der Öffnungskontakte nicht das Aufreißen des Stromwandler-Sekundärkreises bewirkt, sondern lediglich die Überbrückung des Nebenschlusses aufhebt.

Die Beanspruchung der Kontakte ist im wesentlichen von der Schaltgeschwindigkeit und von der Größe der Induktivität des freizugebenden Nebenschlusses abhängig. Natürlich müssen die Kontakte kräftig genug ausgeführt sein, um die im Kurzschlußfalle auftretenden Ströme

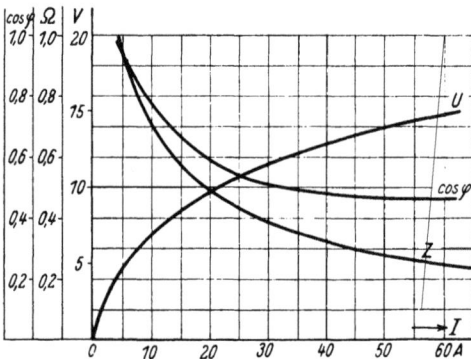

Abb. 101. Kennlinien eines Heizwandlers vom N-Relais ($ü_i = 40/7$).

führen und in den Nebenschluß umleiten zu können. Am günstigsten arbeiten die Relaiskontakte dann, wenn die Zeit der Aufhebung der Überbrückung nicht kürzer ist als die einer Halbwelle, da sonst der Lichtbogen verlängert und der Schaltvorgang erschwert wird. Dieser Umstand muß bei der Auslegung der Übertragungsorgane vom Steuerglied zum Öffnungskontakt berücksichtigt werden.

Die Kurven der Abb. 101 und 102 zeigen die effektiven Werte der in den Nebenschlüssen II und III an den Kontakten f und f' auftretenden Spannungsabfälle u in Abhängigkeit vom Strom i, die an einem N-Relais für Wandlerstromauslösung aufgenommen wurden (Abb. 99 und 22). In den Abb. 101 und 102 sind auch Scheinwiderstand und Leistungsfaktor in den Nebenschlüssen II und III als Funktion des Stromes durch Kennlinien dargestellt. Die Leistungsaufnahme des Ablaufgliedes (Nebenschluß II) beträgt ca. 24 VA, die des Auslösers (Nebenschluß *III*) etwa 25 VA. Beide Werte beziehen sich auf 5 A Nennstrom. Infolge Sättigung der Magnetsysteme des Verzögerungsgliedes (Stromwandler mit Bimetallstreifen als Bürde) und des Auslösers (Klappankermagnet) können die Spannungsabfälle nicht proportional mit den Strömen in den Spulen anwachsen.

Die Spannungswerte der Kurve *u* in Abb. 102 sind bei offenem Anker des Auslösers *d* aufgenommen. Den Schaltvorgang am Ruhekontakt *f'*, der als **Fallkontakt** ausgebildet ist, zeigt bei 100 A das Oszillogramm Abb. 103. Hier ist deutlich zu sehen, daß die Freigabe des Nebenschlusses *III* praktisch beim Nulldurchgang des Stromes (Kurve *1*) erfolgt, und daß die dabei am Kontakt auftretende Spannung (Kurve *3*) erst nach zwei Halbperioden ihren vollen Amplitudenwert erreicht. Beim Öffnen des Nebenschlusses *III* fällt die Stromstärke infolge Zunahme des Widerstandes um einen bestimmten Wert ab.

Es handelt sich hier nicht um ein Zufallsoszillogramm. Alle mit ähnlichen Kontakten durchgeführten Versuche und Erfahrungen zeigen, daß der Schaltvorgang sich auch bei den schwierigsten Verhältnissen einwandfrei vollzieht, ohne irgendwelche Schmelzperlen zurückzulassen. Die Kurve *2* gibt den Verlauf des Stromes im Nebenschluß *III* wieder. Bei der Deutung des Oszillogrammes hat man sich die Spannungskurve (*3*) um 180° um die Nullinie der Spannung gedreht zu denken.

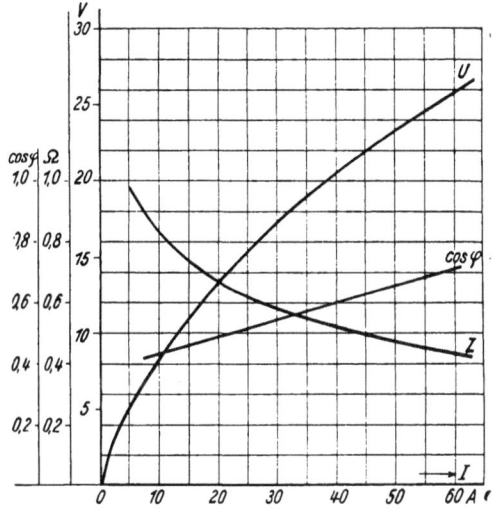

Abb. 102. Kennlinien eines Stromauslösers mit nicht angezogenem Klappanker.

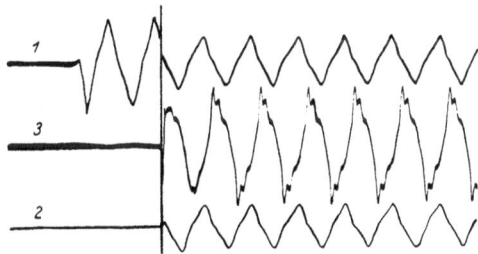

Abb. 103. Abschalt-Oszillogramme.

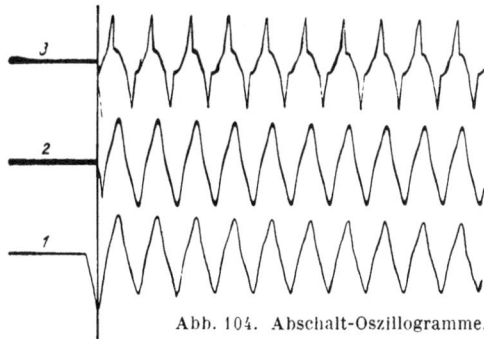

Abb. 104. Abschalt-Oszillogramme.

Aus Abb. 104 ist der Schaltvorgang an dem vom Klappanker des Überstrommagneten *b* zwangläufig gesteuerten Ruhekontakt *f* bei gleich hohem Strom ersichtlich. Hier kann es vorkommen, wie das Oszillogramm zeigt, daß die Freigabe des Nebenschlusses *II* nicht im Nulldurchgang, sondern beim Amplitudenwert des Stromes erfolgt (Kurve *1*). Im Moment der Unterbrechung des Kontaktes tritt eine Spannungsspitze auf (Kurve *3*), die wesentlich über dem nachfolgenden Amplitudenwert liegt. Es entsteht dabei ein Lichtbogen, der unter Umständen Schmelzperlen an den Kontaktteilen verursacht. Ein Zusammenschweißen der Kontakte konnte aber auch hier bei den größten Strömen, die auf der Sekundärseite der Stromwandler herauszuholen waren, nicht bemerkt werden. Es handelte sich um Bürstenkontakte aus Kupfer mit Silbervorkontakten, deren Konstruktion aus Abb. 105 hervorgeht.

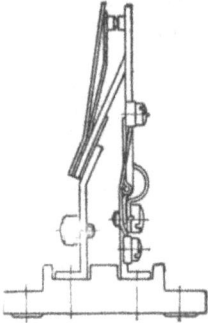

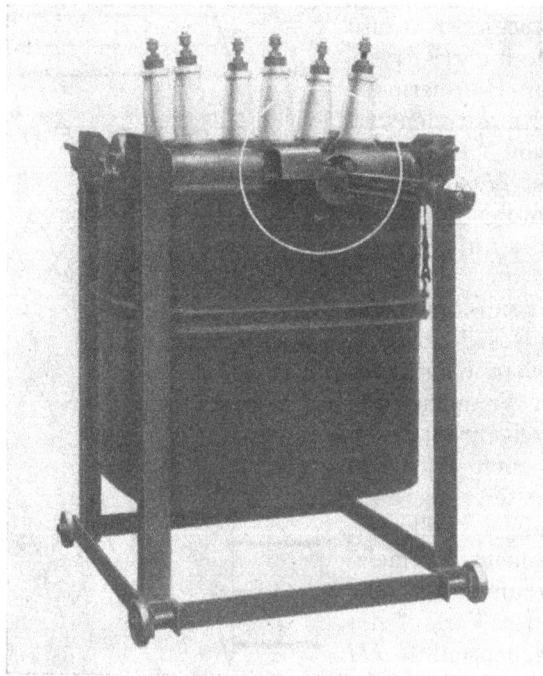

Abb. 105. Relaiskontakt.

Abb. 106. Ölschalter mit angebautem Doppel-Stromauslöser.

Andere Kontaktarten, z. B. Klotzkontakte, leisten natürlich dasselbe, wenn sie reichlich bemessen sind und ihre Steuerung zweckmäßig ausgelegt ist.

Abb. 106 zeigt einen Ölschalter der Reihe 10 mit angebautem Doppel-Stromauslöser. Die Auslösemagnete wirken direkt (mechanisch) auf das Schalterschloß(Schlüpfkupplung). In Abb. 106a ist ein Doppel-Stromauslöser ge-
trennt dargestellt.

b) **Wandlerstromauslö-
sung für Relais mit Ar-
beitskontakten.**

Man kann, wie schon oben erwähnt, eine Auslösung der Hochspannungsschalter mit Wandlerstrom auch durch Arbeitskontakte bewerkstelligen.

Abb. 106 a.
Doppel-Stromauslöser mit abgenommener Kappe.

In Abb. 107 ist eine derartige Schal-
tung, angegeben von H. Smith und P. MacGahan im Jahre 1913, auf-
gezeichnet. Sie hat zum Ziel, die kräftigen Ruhekontakte, wie sie in einer Schaltung nach Abb. 99 erforderlich sind, durch leichte Arbeits-
kontakte zu ersetzen. Man verwendet dazu einen Zwischenstromwandler (Auslösewandler) b, an dessen Sekundärwicklung die Erregerspule des Auslösers d im Störungsfalle nach Ablauf des Verzögerungsgliedes c durch den Arbeitskontakt f angeschlossen wird. Der Kontakt f wird dabei verhältnismäßig schwach beansprucht, denn er schaltet lediglich den schon bei kleinen Strömen (5 bis 10 A) gesättigten Auslösewandler

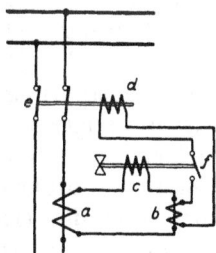

| a Netzstrom-<br>wandler | d Auslöser |
|---|---|
| | e Hochspannungs-<br>schalter |
| b Auslösewandler | f Arbeitskontakt |
| c Ablaufglied | |

Abb. 107. Prinzipschaltung der Wandlerstromauslösung für Relais mit Arbeitskontakten und Auslösewandler.

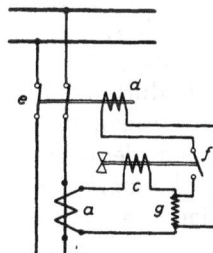

| a Netzstrom-<br>wandler | e Hochspannungs-<br>schalter |
|---|---|
| c Ablaufglied | f Arbeitskontakt |
| d Auslöser | g Auslöseshunt |

Abb. 108. Prinzipschaltung der Wandlerstromauslösung für Relais mit Arbeitskontakten und Auslöseshunt.

auf der Sekundärseite zu. Der Zwischenwandler wirkt bei dieser Schaltung im Normalbetrieb und im Störungsfalle bis zum Schließen des Kontaktes f wie eine Drossel, denn die Gegenamperewindungen des Sekundärkreises fehlen. Die Leistungsaufnahme der Schutzeinrichtung ist daher bis zur Betätigung des Auslösekreises verhältnismäßig sehr hoch, und zwar bis zu 50 VA bezogen auf 5 A.

In Abb. 108 ist eine ähnliche Schaltung wiedergegeben, die sich von der nach Abb. 107 dadurch unterscheidet, daß bei ihr an Stelle eines Auslösewandlers $b$ ein Auslöseshunt $g$ angewendet wird. In dieser Schaltung kann der Arbeitskontakt bei großen Kurzschluß-strömen schon stark beansprucht werden. Außerdem ist auch hier die Belastung des Netzstromwandlers $a$ durch das Ablaufglied $c$ und den Shunt $g$ im Normalbetrieb und während des Kurzschlusses verhältnis-mäßig sehr hoch.

In Abb. 99 ist im Gegensatz zu den Abb. 107 und 108 ein Anrege-glied ($b$) enthalten. Es dient dazu, einerseits die Belastung des Netz-stromwandlers $a$ im Normalbetrieb kleinzuhalten (etwa 5 VA), ander-seits das Ablaufglied, das beim $N$-Relais ein thermisches Element enthält, von der Vorgeschichte der Belastung unabhängig zu machen. Würde man das Anregeglied in den Abb. 107 und 108 verwenden, so wäre das Prinzip »ohne Ruhekontakte« durchbrochen.

### 3. Schlußbemerkung.

Die Wandlerstromauslösung für Relais mit Ruhekontakten ist so ausführlich behandelt worden, um einer weitverbreiteten Auffassung zu begegnen, die diese Auslöser für unsicher erklärt. Wenn mit der Wandler-stromauslösung schlechte Erfahrungen gemacht worden sind, so dürfte dies in den Kriegs- und Vorkriegsjahren gewesen sein, zu einer Zeit, in der man es mit der Leistung der Stromwandler und der Bemessung der Relaisstromglieder und Auslösemagnete noch nicht so genau genommen hat. Inzwischen sind grundsätzliche Verbesserungen an den Stromwand-lern und den Relais, insbesondere bezüglich Schaltung und Auslegung der aktiven Teile getroffen worden. Heute ist die Wandlerstromaus-lösung zum Bedürfnis einer erleichterten Betriebsführung geworden, besonders da, wo man infolge der steten Leistungsteigerung gezwungen ist, selbst in den kleinsten und entferntest gelegenen Stationen Primär-relais durch Sekundärrelais zu ersetzen. Durch ihre Einführung erübrigt sich die lästige Wartung der Hilfstromquellen und der erforderlichen Walzenschalter, von deren Anschaffung ganz abgesehen. Darin dürfte wohl einer der wichtigsten Gründe zu sehen sein, weswegen sich die Wandlerstromauslösung in den letzten Jahren in den Kabelnetzen der Städte und der Industrie, ferner in den Mittelspannungs-Freileitungs-netzen, insbesondere in unbewachten Stationen, gut eingeführt hat.

Die Wandlerstromauslösung wird heute bei Überstromzeitrelais und bei widerstandsabhängigen Relais verwendet. Vereinzelt trifft man sie noch in Verbindung mit Zeitsicherungen an (Clevelandaus-lösung).

Wünscht man, daß die Ölschalter mit Wandlerstromauslösung auch bei Erdschluß auslösen, beispielsweise um einzelne Leitungsringe zu trennen, so kann dies durch einen zusätzlichen Arbeitsstromauslöser, dessen Wicklung an die verkettete Spannung[1]) zu legen ist, durchgeführt werden. Die elektrische Steuerung (Zuschaltung) eines solchen Arbeitstromauslösers pflegt man durch Relais mit oder ohne Zeitverzögerung vorzunehmen, die von der Nullpunktspannung oder von der Sternspannung der Netzanlage über Fünfschenkelspannungswandler bzw. Erdungsdrosselspulen erregt werden.

## M. Anzeigeeinrichtungen, Selbstüberwachung und Kontrolle der Relais.

Die Selektivschutzeinrichtungen dienen bekanntlich zur Erhöhung der Betriebsicherheit elektrischer Anlagen. Je mehr ihre Bedeutung allgemein erkannt wird, um so umfangreicher wird auch ihr Aufgaben-

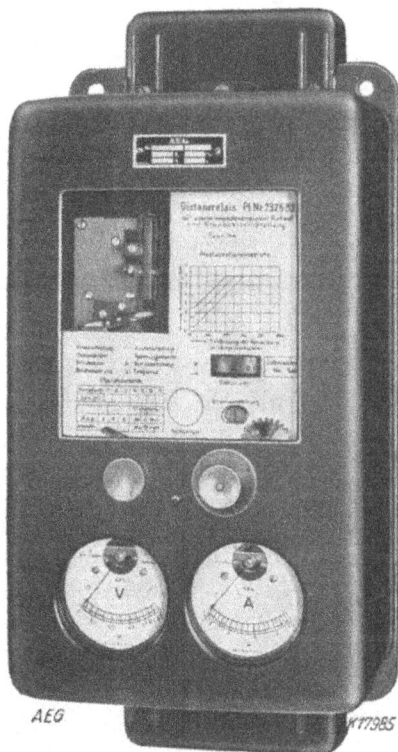

Abb. 109. Begrenzt reaktanzabhängiges Distanzrelais der AEG.

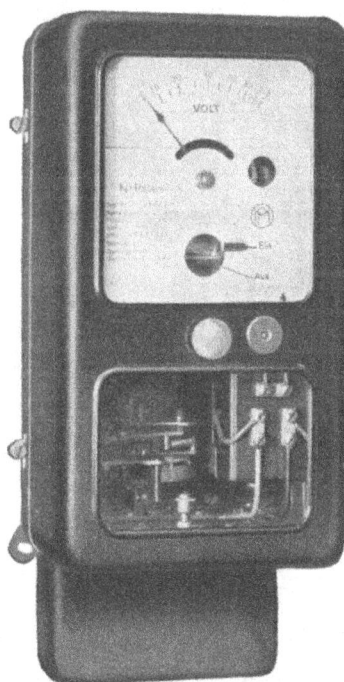

Abb. 110. Impedanzrelais der AEG (N-Relais).

kreis. Man verlangt heute von den Schutzeinrichtungen nicht nur das selektive Abtrennen der beschädigten Anlageteile, sondern auch die

---

[1]) Die verkettete Spannung bricht bei einfachem Erdschluß nicht zusammen

Kennzeichnung der Art und der ungefähren Lage des Fehlers. Von den Schutzeinrichtungen wird außerdem die Überwachung der eigenen Betriebsbereitschaft gefordert. So kann allein aus den im Betrieb ausgelösten Fallklappen eines Satzes Distanzrelais je nach der Relaisschaltung geschlossen werden, ob der Kurzschluß zwei- oder dreipolig war. Bei zweipoligem Schluß fällt gewöhnlich nur eine Klappe[1]), während bei dreipoligem fast immer drei Klappen zum Vorschein kommen. Die ausgelösten Fallklappen übernehmen gleichzeitig die Kontrolle der richtigen Arbeitsweise des Auslösekreises sowohl bei Gleichstrom- als auch bei Wandlerstromauslösung. Schleppzeiger an den Relais oder getrennte Zeitschreiber geben die Arbeitszeit der Relais an und gestatten mithin bei Zuhilfenahme der Relaiszeitkennlinien die Ermittlung des ungefähren Fehlerortes (s. Kapitel O).

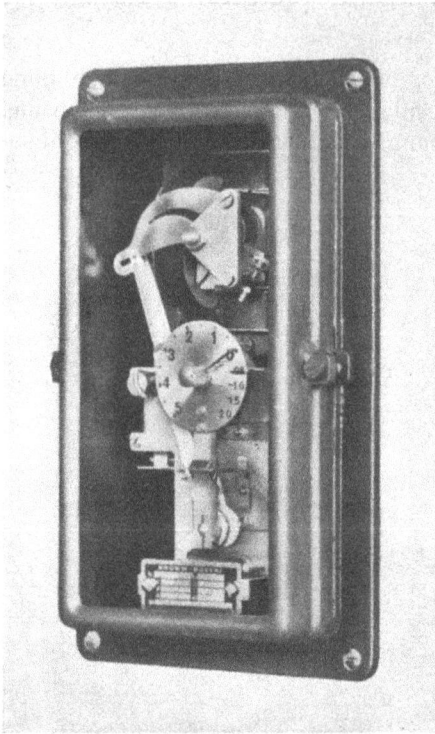

Abb. 111. Reaktanzrelais der BBC.

Die Überwachung der Betriebsbereitschaft der Distanzrelais mit Zuleitungen einschließlich der Strom- und Spannungswandler wird von den einzelnen Relaiselementen übernommen. So wird der »Spannungskreis« vom Spannungselement, der Stromkreis vom Stromelement und die Energierichtung vom Richtungsglied der Relais sichtbar kontrolliert (vgl. die Abb. 109 bis 112a). Die Kontrolleinrichtungen sind in diesen Abbildungen deutlich erkennbar. Bei einigen Arten von Distanzrelais ist die Überwachung selbsttätig und dauernd, bei anderen wird sie nur durch Betätigung eines Prüfknopfes oder eines Prüfschalters wirksam.

Neuerdings ist man bestrebt, die Kontakte der Relais von außen sichtbar zu machen und Einrichtungen vorzunehmen, um sie auch von außen überprüfen zu können. Nicht ganz so scharf sind die Bedingungen für Überstromzeitrelais, doch werden auch hier Fallklappen bzw. Schleppzeiger sowie die Sichtbarkeit der Kontakte immer mehr verlangt.

---

[1]) Siehe Kapitel K.

Bei den meisten Elektrizitätswerken hat sich inzwischen die Erkenntnis durchgesetzt, daß auf die Wartung der Schutzeinrichtungen mit Rücksicht auf eine geregelte Energieerzeugung, -übertragung und -verteilung besonderer Wert gelegt werden muß. Man hält zu diesem Zweck Spezialingenieure und Revisoren, denen die Betreuung und Überwachung der Schutzeinrichtungen obliegt. Besonderer Wert wird dabei

Abb. 112. Siemens-Impedanzrelais.
(Das Richtungsglied hierzu s. in Abb. 31).

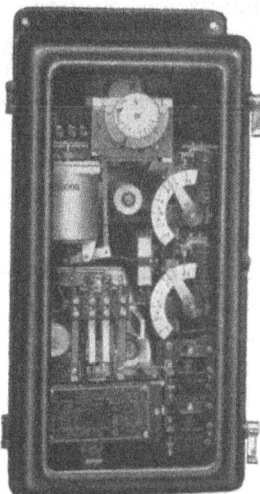

Abb. 112a. Siemens-Impedanzrelais mit Richtungsglied und Eilkontakt. Einsystemiger Impedanzschutz.

Abb. 113. AEG-Sekundenmesser.

Abb. 113a. Siemens-Sekundenmesser.

auf die Kontrolle des Auslösekreises einschließlich der Schlüpfkupplungen der Ölschalter, auf die Einhaltung der Arbeitszeiten bzw. Auslösecharakteristiken, auf die Arbeitsfähigkeit der Kontakte und der Kinematik der einzelnen Glieder sowie der Gesamtkinematik der Relais gelegt. Die Nacheichung der Relais wird gewöhnlich an Ort und Stelle mit besonderen Relaisprüfeinrichtungen vorgenommen, seltener im Relais- oder Zählerlaboratorium.

Die Primäreichung ist der Sekundäreichung vorzuziehen, da dadurch auch die Wandler samt den Leitungen in die Kontrolle einbezogen werden. Bei der Eichung empfiehlt es sich statt Stoppuhren, Sekundenmesser (Abb. 113 und 113a) zu verwenden. Diese messen selbsttätig mit einer Genauigkeit von $\pm$ 0,02 s.

Sehr hohe Anforderungen sind an die Schutzeinrichtungen der vollautomatischen Stationen zu stellen, in denen die Relais infolge eines Versagers selbst zu den größten Störungen Veranlassung geben können. Hier muß die Überprüfung der Relais oft und gründlich durchgeführt werden. In den Vereinigten Staaten (USA.) werden bei einigen Werken die Relaiskontrollen in derartigen Stationen fast täglich vorgenommen. Man mißt dabei auch den Druck der Relaiskontakte mittels besonders dafür geschaffener Waagen.

## N. Kurzschluß-Lichtbogen in Drehstromnetzen und sein Einfluß auf die Arbeitsweise der Distanzrelais[1]).

### 1. Allgemeines.

Ein Kurzschluß entsteht durch die Überbrückung zweier oder dreier Phasen[2]) eines unter Spannung stehenden Anlageteiles am gleichen Ort entweder in Form einer metallischen Berührung der Leiter oder in Form eines Lichtbogens zwischen den Leitern. Kurzschlüsse tragen daher in der Praxis die Bezeichnungen: satter Kurzschluß, mitunter auch metallischer Kurzschluß genannt, und Lichtbogen-Kurzschluß. Beim satten Kurzschluß wird ein Verschweißen der Leiter nicht unbedingt vorausgesetzt, diese Erscheinung tritt in der Praxis ja auch selten ein. Es wird vielmehr jeder Kurzschluß mit geringer Spannung zwischen den Elektroden (bis etwa 500 V) als satter Kurzschluß bezeichnet. Für den Lichtbogen-Kurzschluß hingegen ist der frei brennende Lichtbogen kennzeichnend.

Versuche und Erfahrungen zeigen, daß praktisch bei jedem Kurzschluß, auch bei einem satten, sofern die Leiter nicht verschweißt sind, eine gewisse Spannung zwischen den Elektroden bestehen bleibt. Diese Spannung in der Übergangstrombahn ist bei kleinen Elektrodenentfernungen (etwa bis 40 mm) im wesentlichen durch den Kathoden- und Anodenfall verursacht und in weiten Grenzen von der Stromstärke unabhängig. Der Einfluß der Stromstärke macht sich erst bei längeren Lichtbögen bemerkbar. Hierauf wird weiter unten näher eingegangen.

Der Kathodenfall ist im allgemeinen größer als der Anodenfall[3]).

[1]) S. a. M. Walter, ETZ 1932, S. 1056.
[2]) In kurzgeerdeten Netzen auch durch Verbindung einer Phase mit Erde.
[3]) Näheres über die Vorgänge an den Elektroden siehe in J. Biermanns, ETZ 1929, S. 1073; F. Kesselring, ETZ 1929, S. 1005; O. Mayr, Forschung und Technik, Verlag Julius Springer, Berlin 1930.

Er beträgt für kalte Kathoden, z. B. bei einem wandernden Lichtbogen auf Freileitungen oder Sammelschienen, rd. 250 V. Bei heißer Kathode — dies trifft besonders für Kabel zu — wird er infolge der wesentlich größeren Elektronenemission kleiner. Immerhin bleibt auch beim satten Kurzschluß eines Drehstromkabels zwischen den Elektroden infolge des sehr hohen Gasdruckes meistens noch eine Spannung von etwa 300 V, und zwar unabhängig von der Höhe der Netzbetriebspannung bestehen[1]).

Kathoden- und Anodenfall haben für die Relaistechnik insofern Bedeutung, als dadurch die Richtungsglieder der Distanzrelais und überhaupt die Energierichtungsrelais auch bei sattem Kurzschluß in der Nähe der Sammelschienen noch genügend Spannung zur eindeutigen Unterscheidung der Fehlerenergierichtung erhalten. In Freileitungsnetzen, insbesondere in solchen mit einer Betriebspannung über 40 kV, spielen Kathoden- und Anodenfall im Verhältnis zur eigentlichen Lichtbogenspannung, die dort wegen der großen Länge des Lichtbogens und der relativ kleinen Stromstärke sehr hoch sein kann, keine Rolle mehr.

## 2. Lichtbogenwiderstand.

Im vorstehenden wurde der Kurzschluß hauptsächlich in Hinsicht auf die sich zwischen den Elektroden ergebende Lichtbogenspannung betrachtet. Da jedoch Wirkungsweise, Auslegung und Projektierung des Distanzschutzes grundsätzlich von dem Scheinwiderstand der Kurzschlußschleifen (Leiter—Leiter oder Leiter—Erde) oder dessen Komponenten, dem Blind- und Wirkwiderstand, abhängig sind, das Spannungsgefälle im Lichtbogen aber auf die Größe des Schein- und Wirkwiderstandes der Kurzschlußschleifen mittelbaren Einfluß hat, soll im folgenden der elektrische Lichtbogen in diesem Zusammenhang allgemein als Widerstand behandelt werden. Der Lichtbogenwiderstand sei für unsere Betrachtungen definiert als Quotient aus der effektiven Lichtbogenspannung und dem effektiven Lichtbogen-

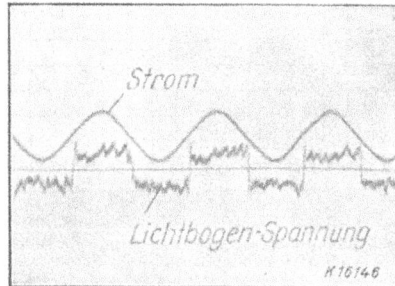

Abb. 114. Strom- und Spannungskurve eines Wechselstrom-Lichtbogens. (Entnommen aus Biermanns, vgl. Fußnote 3).

strom, beide auf die Grundwellen bezogen. Lichtbogenspannung und Lichtbogenstrom werden vorwiegend oszillographisch aufgenommen. Sie lassen sich notfalls auch durch Meßinstrumente ermitteln. Schließlich kann der Lichtbogenwiderstand auch aus den Aufzeichnungen eines Spannungschnellschreibers und dem errechneten Kurzschlußstrom festgestellt werden (s. Kapitel O unter 2).

---

[1]) S. a. J. Biermanns, Überströme in Hochspannungsanlagen. S. 403. Verlag Julius Springer, Berlin 1926.

Wenn man von der scheinbaren Phasenverschiebung im Lichtbogen absieht[1]), die im wesentlichen durch die verzerrten Spannungs- und Stromkurven des Lichtbogens (Abb. 114 und 114a) bedingt ist, dann ist der Lichtbogenwiderstand als rein Ohmscher Widerstand aufzufassen; denn der Lichtbogen weist auch bei den größten Ausbuchtungen (Lichtbogen-

Stromschleifen) noch keinen nennenswerten Betrag von Selbstinduktion auf. Die rechteckige Form der Spannungskurve in Abb. 114 ist dadurch bedingt, daß der Lichtbogenwiderstand mit wachsendem Strom abnimmt; infolgedessen bleibt die Spannung nach erfolgter Zündung des Lichtbogens während der Halbperiode nahezu konstant. Die aufgenommene Stromkurve verläuft sinusförmig. Grundlegende Netzversuche der General Electric Co. haben zu dem Ergebnis geführt, daß bei Kurzschlüssen in größerer Entfernung von der Kraftquelle die Spannungskurven, bei Kurzschlüssen in der Nähe der Stromquelle dagegen die Stromkurven stärker verzerrt sind. Diese Erscheinung erklärt sich dadurch, daß der prozentuale Anteil des Lichtbogenwiderstandes (Wirkwiderstand!) an dem Gesamtwiderstand der Kurzschlußbahn im zweiten Falle größer ist. Schließlich ruft auch die Rückzündung des Lichtbogens eine gewisse Welligkeit in beiden Kurven hervor.

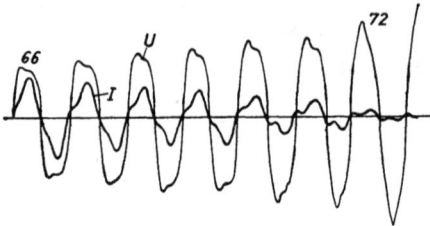

Abb. 114a. Strom- und Spannungskurve eines erlöschenden Lichtbogens (66. bis 73. Periode), aufgenommen im 60 kV-Netz der Preußenelektra, Kassel.

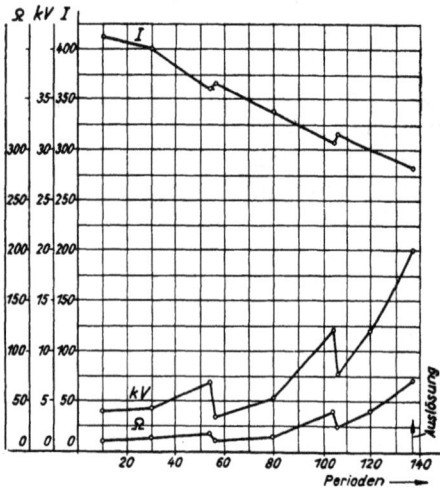

Abb. 114b. Lichtbogenwiderstand und Lichtbogenspannung in Abhängigkeit von Strom und Zeit. Auswertungen von oszillographischen Aufnahmen im 100 kV-Netz der Preußenelektra, Kassel. Phasenabstand 2.4 m, Witterung etwas windig. Bei der 55. und 105. Periode Kürzung der Lichtbogenlänge. Nach 137 Perioden erfolgt Abschaltung.

Die Größe des Lichtbogenwiderstandes hängt stark von der Kurzschlußstromstärke, der Beschaffenheit der Elektroden, der Lichtbogenlänge und vielfach von der Brenndauer ab. Bei hohen Kurzschlußströmen ist infolge der stärkeren Erhitzung und mithin der stärkeren Ionisierung der Lichtbogenbahn der Übergangswiderstand niedriger als bei kleinen Kurzschlußströmen. Ausführliche Messungen der GEC

---

[1]) S. a. van C. Warrington, Electr. Wld. Bd. 97 (1931), S. 502.

haben jedoch gezeigt, daß die Widerstandsabnahme etwa bei 800 A aufhört. Das Elektrodenmaterial hat auf die Größe des Lichtbogenwiderstandes insofern Einfluß, als sich bei den gebräuchlichsten Metallen, wie Kupfer, Aluminium und Eisen, die Elektronenemission unter sonst gleichen Voraussetzungen verschieden stark ausbildet. Hierbei dürften wohl Leitfähigkeit und Schmelzpunkt des Leitermaterials eine gewisse Rolle spielen. Die stärkere Elektronenemission hat eine höhere Ionisierung der Lichtbogenbahn und mithin einen geringeren Lichtbogenwiderstand zur Folge. So ist z. B. nachgewiesen, daß der Widerstand zwischen Kupferelektroden höher ist als zwischen Eisenelektroden[1].

Messungen haben ergeben, daß in einem in Luft brennenden Lichtbogen zwischen Kupferelektroden rd. 25 V/cm, zwischen Eisenelektroden nur etwa 15 V/cm zustande kommen[2].

Mit zunehmender Lichtbogenlänge wird der Kanal des Stromflusses immer enger und mithin der Widerstand des Lichtbogens größer. Von anfänglich kleinen Werten — nach P. Ackerman[3] erreicht der Lichtbogen seinen vollen Durchmesser schon in 0,001 s — steigt der Widerstand im zackigen Verlauf nach Maßgabe der Verlängerung des Lichtbogens in 1 bis 3 s

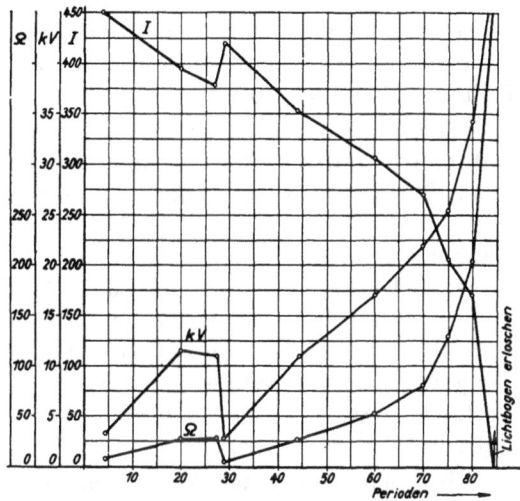

Abb. 114c. Lichtbogenwiderstand und Lichtbogenspannung in Abhängigkeit von Strom und Zeit. Auswertungen von oszillographischen Aufnahmen im 60 kV-Netz der Preußenelektra, Kassel. Leiterabstand 1,75 m, Witterung sehr windig. Bei der 27. Periode erfolgt Kürzung der Lichtbogenlänge, mit der 84. Periode erlischt der weit ausgezogene Lichtbogen.

allmählich an, um dann, insbesondere kurz vor dem Abreißen, rasch auf sehr hohe Werte überzugehen (114b und 114c). Das Selbsterlöschen dürfte bei den meisten Lichtbögen darauf zurückzuführen sein, daß die von ihnen erzeugte Wärme kleiner wird als die von ihrer Oberfläche ausstrahlende und so das Wärmegleichgewicht gestört wird. Wie Erfahrungen aus der Praxis lehren, erlischt der Lichtbogen dann von selbst, wenn seine Spannung 40 bis 60% der Betriebspannung der

---

[1] Vgl. a. K. Draeger, Mitt. Porz.-Fabrik Ph. Rosenthal, Verlag Julius Springer, Berlin 1930. S. a. A. Schmolz, ETZ 1929, S. 459.

[2] Siehe die Ausführungen von K. Draeger, H. Müller und R. Rüdenberg in den VDE-Fachberichten 1929, S. 51.

[3] P. Ackerman . J. Engng. Inst. Canada 1928, H. 5.

Netzanlage erreicht. Richtung und Form des Lichtbogens werden in erheblichem Maße durch die elektrodynamische Kraftwirkung, den Wärmeauftrieb und besonders stark durch den Wind beeinflußt, und zwar im Sinne einer Vergrößerung der Lichtbogenschleife. Von einzelnen Forschern sind inzwischen auch Formeln zur Errechnung des Lichtbogenwiderstandes aufgestellt worden[1]).

Die Abb. 114b und 114c zeigen Meßergebnisse von zwei Kurzschlußlichtbogen, die die Preußenelektra, Kassel, in ihren 60 und 100 kV-Netzen (50 Hz) 1929 gewonnen hat. Bei den Versuchsanordnungen wurde angestrebt, für die Ausbildung des Lichtbogens die ungefähre Lage der Leiter auf den Masten und im freien Spannfeld nachzuahmen. Die Leiter der Versuchsanordnungen lagen schräg untereinander, so daß ähnlich wie bei denen der Betriebsleitungen die hochsteigende warme Luft auf den Lichtbogenwiderstand einwirken konnte.

Der Phasenabstand der 100 kV-Versuchsanordnung betrug 2,4 m, während er auf den Masten und im freien Spannfeld eigentlich zwischen 3,3 bis 3,5 m schwankt. Die gemessenen Lichtbogenwiderstände sind infolgedessen etwas kleiner als die auf den Leitungen auftretenden. Ähnlich lagen die Verhältnisse bei den Versuchen im 60 kV-Netz. Der tatsächliche Phasenabstand bei den Betriebsleitungen beträgt 2,5 bis 2,95 m. Die Versuchsanordnung hatte dagegen Leiterabstände von 1,75 bis 2,5 m. Wegen des stürmischen Wetters konnte hier mit Anfangsstromstärken 300 bis 500 A bei immer mehr verkleinertem Phasenabstand (bis zu 1,75 m herunter) kein Lichtbogen über 1 bis 1,5 s aufrechterhalten werden.

Bei den zahlreichen Versuchen der Preußenelektra erreichte der Lichtbogenwiderstand in den ersten 20 Perioden selten den Wert von 20 Ohm[2]). In 50 ... 60 Perioden ergaben sich meist Lichtbogenwiderstände von 50 ... 60 Ohm. Erst kurz vor dem Erlöschen erreichten die Lichtbogen, deren Längen bis zu 8 ... 15 m betrugen, sehr hohe Widerstandswerte. Die Lichtbogen wurden bei allen Versuchen über dünnen Kupferdraht eingeleitet, der jeweils bei Eintritt des Kurzschlusses augenblicklich verdampfte.

In anderen 100 kV-Netzen (Bayernwerk und Tiwag) wurden bei normalen Leiterabständen (3 m und darüber) Anfangswerte des Lichtbogenwiderstandes bis zu 50 Ohm ermittelt, allerdings bei kleinen Stromstärken, um 100 A herum.

---

[1]) P. Ackerman, J. Engng. Inst. Canada 1928, H. 5; Electr. Wld., N. Y., Bd. 98, S. 502; ETZ 1933, S. 355.

[2]) Auch nicht bei den Kurzschlüssen auf der 100 kV-Versuchsanordnung, die mit Strömen bis zu 140 A herab eingeleitet wurden. — Es ist anzunehmen, daß die Anfangslichtbogenwiderstände bei Blitzeinschlägen kleinere Werte aufweisen.

### 3. Einfluß des Lichtbogenwiderstandes auf die Laufzeit der Distanzrelais.

In Freileitungsnetzen mit einer Betriebspannung bis 40 kV ist der Lichtbogenwiderstand für die Messung des Scheinwiderstandes der Kurzschlußschleife durch Impedanzrelais vernachlässigbar klein, da in diesen Netzen die Kurzschlußströme relativ groß und die Leiterabstände verhältnismäßig gering sind. Kurzschlußversuche und praktische Erfahrungen in einer großen Anzahl solcher Netze haben diese Annahme bestätigt. Der Verfasser konnte sich hiervon schon in den Jahren 1925 bis 1927 an etwa 70 Kurzschlüssen überzeugen, die zwei- und dreipolig metallisch und über Lichtbogen in verschiedenen Netzen im Zusammenhang mit der Übergabe von Distanzschutzeinrichtungen durchgeführt wurden. In Abb. 115 ist als Beispiel ein Lichtbogen-Kurzschluß im 5 kV-Kabelnetz der Rheinischen Stahlwerke in Essen gezeigt. Die Kurzschlußstromstärke betrug etwa 2500 A, der Elektrodenabstand ungefähr 4 cm, die Lichtbogenspannung etwa 300 V. Aus der Filmaufnahme Abb. 116 kann der Verlauf des Lichtbogens der Abb. 115 verfolgt werden. Interessant ist dabei, daß nach erfolgter Abschaltung des Kurzschlusses eine Feuerwolke aufsteigt, die wohl auf das

Abb. 115. Lichtbogen-Kurzschluß in einem 5 kV-Kabelnetz.

Brennen der Metalldämpfe und des Rußes zurückzuführen ist. Abb. 117 zeigt einen Schwachlast-Lichtbogenkurzschluß im 15 kV-Freileitungsnetz der Ostpreußenwerk A.-G., Überlandwerk Gumbinnen, der durch einen Hilfsölschalter eingeleitet wurde. In Abb. 118 ist ein Kurzschluß in einem 30 kV-Netz der A.-G. Sächsische Werke gezeigt.

Anders liegen die Verhältnisse in Höchstspannungs-Freileitungsnetzen, bei denen die Kurzschlußströme im allgemeinen wesentlich kleiner ausfallen, die Leiterabstände dagegen verhältnismäßig groß sind. Hier können die Lichtbogenwiderstände, wie schon oben erwähnt, sehr hohe Werte annehmen, insbesondere kurz vor dem Abreißen des Lichtbogens (vgl. Abb. 114b und 114c). Einen weiteren Anhalt über Lichtbogenwiderstände bei Kurzschluß in Netzen mit Betriebspannungen über 30 kV gibt die Zahlentafel I. Bei den meisten Lichtbogen-Kurzschlüssen wurde festgestellt, daß entsprechend dem flatternden Aufsteigen und dem wiederholten Zusammenfallen des Lichtbogens die Lichtbogenspannung und der Lichtbogenwiderstand

Zahlentafel I.

| Firma | Frequenz | Nennspannung des Netzes in kV | Leiterabstand in m | Stromstärke in A | Maximale Lichtbogenspannung in kV | Maximale Lichtbogenlänge in m | Lichtbogenwiderstand in Ohm | Lichtbogendauer in s | Länge der Versuchsleitung in km | Nennleistung der speisenden Maschinen in kVA | Belastung der Generatoren bei Eintritt des Kurzschlusses | Bemerkungen |
|---|---|---|---|---|---|---|---|---|---|---|---|---|
| Elektrizitätswerk Basel | 50 | 45 | 1,2 | 150 bis 200 | etwa 10 | 5 bis 10 | bis 50 | 2 bis 4 | 8 | 15000 | unbekannt | Von 17 Lichtbogen ist nur einer von selbst abgerissen |
| Elektrizitätswerk Zürich | 50 | 50 | Hörnerableiter | 150 bis 200 | etwa 20 | 8 bis 16 | 0 bis 100 | 2 bis 5 | 50 | 16000 | unbekannt | Von 15 Lichtbogen ist nur einer von selbst abgerissen |
| Bayernwerk A.-G. | 50 | 100 | 3 m | 115 / 82 / 140 | 10 / 23 / 10 | 4 bis 8 | 87 / 280 / 72 | 2 / 2 / 2 | 330 / 330 / 330 | 20000 | unbelastet belast. mit 15000 kW | |
| Schweizerische Bundesbahnen | 16⅔ | 132 | | 200 bis 400 | 70[1] | 6 bis 8 | 20 bis 360 | 1 bis 3 | 158 | 10000 | unbelastet | Mittelpunkt geerdet. Bei zweipoligen Kurzschlüssen ist etwa die Hälfte in 2 bis 8 s von selbst abgerissen |
| A.-G. Sächsische Werke | 50 | 40 | 0,58 [2] | 250 / 270 | 2,8 / 3,2 | 4 | 11 / 12 | 1,3 | 27 [3] | 25000 | unbelastet Schnellregler in Betrieb | Durch Ölschalter abgeschaltet |

[1] Beim Abreißen.   [2] Sammelschienenkurzschluß.   [3] Zuzüglich 49 km 100 kV-Leitung.

Abb. 116. Lichtbogen-Kurzschluß in einem 5 kV-Kabelnetz. Filmaufnahme.

zu- und abnimmt. Bemerkenswert ist, daß viele Lichtbogen nicht von selbst abreißen, sondern daß sie nach Erreichen einer gewissen Ausdehnung stehen bleiben. In Abb. 119 ist ein derartiger Lichtbogen-Kurzschluß, durchgeführt im 45 kV-Freileitungsnetz des Elektrizitätswerkes Basel, wiedergegeben. Der zweipolig eingeleitete Lichtbogen-Kurzschluß hat sich nach Beginn zum dreipoligen ausgebildet. Die wichtigsten Daten waren: Dauer etwa 3 s, Lichtbogenspannung bis 8 kV ansteigend, Stromstärke von 200 bis auf 150 A sinkend, Lichtbogenwiderstand bis 50 $\Omega$ zunehmend.

Abb. 117. Schwachlast-Lichtbogenkurzschluß in einem 15 kV-Freileitungsnetz.

Der Einfluß des Lichtbogenwiderstandes auf die Arbeitszeit der Impedanzrelais macht sich, soweit die Erfahrung lehrt, erst in Netzen mit einer Betriebspannung von etwa 40 kV aufwärts bemerkbar, aber gewöhnlich nur dann, wenn geringe Belastungen vorliegen, z. B. an Sonntagen und nachts. Der Lichtbogenwiderstand kann in solchen Fällen je nach der Lage des Fehlers und der Größe des Kurzschlußstromes den Scheinwiderstand der Kurzschlußschleife erheblich vergrößern und damit die Arbeitszeit der Impedanzrelais, falls deren Zeitkennlinien einen steilen Anstieg haben, nicht unwesentlich verlängern. Um diesem Übelstand zu begegnen, wurden im Jahre 1928 von einigen Firmen widerstandsabhängige Relais auf den Markt gebracht, bei denen praktisch nur der induktive

Abb. 118. Lichtbogen-Kurzschluß in einem 30 kV-Freileitungsnetz.

Widerstand der Kurzschlußschleife zur Wirkung kommt (Reaktanz-relais) und daher der Einfluß des Lichtbogenwiderstandes, der vor-wiegend Ohmschen Charakter besitzt, eliminiert wird (BBC und SSW). Die BBC-Reaktanzrelais haben einen steten, die SSW-Reaktanzrelais einen stufenförmigen Zeitkennlinienverlauf (Abb. 120). In der Zwischen-zeit sind auch Relais mit begrenzter Reaktanzabhängigkeit, z. B. die

Abb. 119. Lichtbogen-Kurzschluß in einem 45 kV-Freileitungsnetz.

begrenzt abhängigen Reaktanzrelais der AEG entwickelt worden, also Distanzrelais, die nur in einem bestimmten einstellbaren Bereich inner-halb des Arbeitsgebietes vom Lichtbogenwiderstand unabhängig sind. Sie können sowohl in Mittelspannungsnetzen als auch in Netzen bis zur höchsten Betriebspannung verwendet werden. In England benutzt man für Höchstspannungsnetze an Stelle der Re-aktanzrelais gewöhnliche Impedanz-relais mit stetigem Zeitkennlinienverlauf in Verbindung mit Balance-Schnell-Impe-danzrelais (Vickers[1])). Die Zeitkennlinien der Balancerelais werden den Zeitkenn-

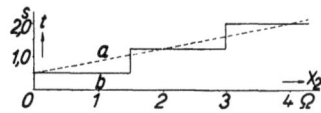

a stetig verlaufende Zeitkennlinie
b stufenförmige Zeitkennlinie

Abb. 120. Prinzipieller Verlauf der Zeitkennlinien von Distanzrelais.

linien der Impedanzrelais überlagert, so daß im Endeffekt eine an-nähernd stufenförmige Zeitkennlinie zustande kommt (Abb. 61). Die SSW erzielen in einem anderen Fall zwecks Herabsetzung der Relais-laufzeiten ähnliche Relais-Zeitkennlinien, indem sie das normale Im-pedanzrelais mit einem Eilkontakt versehen, das die Kurzschlüsse auf etwa $2/3$ der Leitungstrecke mit der Grundzeit 0,3 bis 0,5 s, diejenigen im restlichen Drittel dagegen nach einer stetig verlaufenden Zeitkenn-

---

[1]) T. Ross u. H. Bell, J. Instn. electr. Engr. Bd. 106, S. 134 (1930).

linie abschaltet. Die kanadische Praxis bedient sich der sog. Acker-
manschen Balance-Schnell-Impedanzrelais[1]) mit stufenförmigen Charakteristiken (Cansfield Electrical Works, Toronto). Ähnliche Verfahren
benutzen auch die Westinghouse Co. bei ihren Schnellimpedanzrelais
für lange Leitungen und bei ihren begrenzt abhängigen Schnellreaktanzrelais[2]) für kurze Leitungen (Abb. 60), ferner die GEC bei ihrem
neuesten Schnellreaktanzrelais[3]) sowie die Compagnie des Compteurs
bei ihren Schnellreaktanzrelais[4]), vgl. a. Kapitel D.

Die Benutzung von Impedanzrelais in Höchstspannungsnetzen,
d. h. in Netzen mit einer Betriebspannung über 50 kV, setzt im allgemeinen sehr kurze Ablaufzeiten voraus (0,02 bis 0,2 s), also Zeiten, bei
denen der Lichtbogen sich noch nicht oder nur wenig ausgedehnt hat.
Mit Rücksicht auf die Arbeitszeit der Hochspannungschalter, die Werte
von 0.2 bis 0,7 s annehmen kann[5]), muß allerdings oft gefordert werden,
daß die Relais bei Kurzschlüssen in der zweiten Zone erst nach 0,8 bis 1 s
auslösen. Für diesen Fall empfiehlt sich, bei den Relais
besondere Einrichtungen vorzusehen, die entweder die
Messung der Impedanz schon in etwa 0,1 s veranlassen und
den einmal gemessenen Wert bis zum Auslösen der Hochspannungschalter festhalten, oder die in der zweiten Stufe
vorwiegend den Blindwiderstand der Kurzschlußschleife
erfassen (Abb. 60).

Die von den Oberwellen im Lichtbogen herrührende scheinbare
Reaktanz wird von den meisten bekannten Reaktanzrelais nicht
erfaßt. Die Reaktanzrelais können aber, wie Versuche in Amerika
gezeigt haben, durch den Ohmschen Lichtbogenwiderstand beeinflußt
werden, wenn die Fehlerströme an beiden Enden der betroffenen Leitung nicht phasengleich sind. — Außer dem Lichtbogenwiderstand gibt es
noch andere beachtenswerte Fehlerwiderstände, wie die beim Erdkurzschluß, d. h. Kurzschluß über Erde, oder beim Doppelerdschluß auftretenden Übergangswiderstände.

---

[1]) Vgl. P. Ackerman, J. Engng. Inst. Canada 1922, H. 12, Ackerman hat
den Distanzschutz mit stufenförmiger Zeitcharakteristik schon 1920 und 1921 angegeben und ausgeführt. Das Waagebalken-Meßsystem dazu ist von K. Kuhlmann getrennt bereits 1908 erfunden worden (DRP. 214164 der AEG). Näheres
siehe in M. Walter, Die Entwicklung des Distanzschutzes, Z. VDI Bd. 75,
S. 1555 (1931).

[2]) P. Robinson u. J. Monseth, Electr. J. Bd. 29, S. 83 (1932). S. Goldsborough u. W. Lewis, Electr. Engng. Bd. 51, S. 157 (1932).

[3]) Van C. Warrington, Electr. Engng. Bd. 51, S. 410 (1932).

[4]) R. Dubusc u. P. Douce, Rev. gén. Electr. Bd. 31, S. 251 u. 282 (1931).

[5]) Neuzeitliche Schalter haben kleinere Eigenzeiten.

## 4. Schlußbemerkung und Ausblick.

Die Entwicklung des Distanzschutzes zeigt kurz zusammengefaßt folgende Ergebnisse: Für Netze bis zu 50 kV genügt der einfache und daher billige Impedanzschutz mit stetigem oder stufenförmigem Zeitkennlinienverlauf, für Netze mit höherer Spannung sind reaktanzabhängige Relais allgemein oder Schnellimpedanzrelais am Platze. Die Erfahrung muß lehren, welche der beiden letzten Relaisarten in Höchstspannungsnetzen vorzuziehen ist. Vom wirtschaftlichen Standpunkt aus betrachtet dürfte der Schnellimpedanzschutz dem reinen Reaktanzschutz überlegen sein, denn er ist einfacher und stellt an die Wandler, insbesondere bezüglich des Fehlwinkels der Stromwandler, wesentlich geringere Anforderungen. Es scheint, daß der Schnellimpedanzschutz in Höchstspannungsnetzen künftig auf dem Markt vorherrschen wird.

Das Studium des Wechselstrom-Lichtbogens in Netzen mit hohen Betriebspannungen und großen Leistungen gilt heute als noch nicht abgeschlossen. Es wurde etwa gleichzeitig mit der Einführung der widerstandsabhängigen Relais begonnen (1923 und 1924) und wird heute von den großen Fabrikationsfirmen sowie einigen Elektrizitätswerken weiter intensiv betrieben. Fertige Theorien über den Wechselstrom-Lichtbogen gibt es noch nicht. Die vorhandenen Anschauungen lassen bei den oft widerspruchsvollen und infolge der Kostspieligkeit der Kurzschlußversuche verhältnismäßig spärlichen Versuchsergebnissen noch keine endgültigen Schlußfolgerungen zu. So gehen z. B. die Ansichten über einige Fragen, wie Größe des Lichtbogenwiderstandes in Mittelspannungs-Freileitungsnetzen (5 bis 40 kV), Reaktanzanteil im Lichtbogenwiderstand, Widerstand des Lichtbogens mit Erdverbindung, Bedingungen für das Selbstabreißen des Lichtbogens, Einfluß der Maschinenerregung usw., bei einzelnen Forschern vielfach noch weit auseinander.

## O. Fehlerortbestimmung in Freileitungsnetzen[1]).

Die Ablaufzeit eines Distanzrelais ist bekanntlich um so größer, je weiter die Fehlerstelle von seinem Einbauort entfernt ist. Diese Eigenschaft hat man sich in den letzten Jahren für die Ermittlung des Fehlerortes in Hochspannungsnetzen vielfach zunutze gemacht. Einige Firmen kuppeln zu diesem Zweck die Ablaufglieder der Distanzrelais mit Vorrichtungen wie Schleppzeigern oder Schlepptrommeln, die die Laufzeit der Relais in Sekunden angeben, andere Hersteller dagegen führen ihre Distanzrelais ohne diese Vorrichtungen aus, benutzen aber dafür

---

[1]) S. a. M. Walter, ETZ 1931, S. 1056.

In diesem Kapitel werden nur Distanzrelais mit stetig verlaufenden Zeitkennlinien berücksichtigt. Distanzrelais mit stufenförmigen Zeitkennlinien zeigen durch ihre Meßglieder mittels Fallklappen an, innerhalb welcher Zone (Stufe) sich der Fehler befindet.

elektrisch und mechanisch getrennte Vielfachzeitschreiber oder Zeitmesser, die gleichfalls die Laufzeit der Relais in Sekunden festhalten. An Hand der abgelesenen Laufzeiten an den Zeitangabeeinrichtungen und der Zeitkennlinien der Relais (Abb. 51, 52, 53 und 121) kann der Fehlerort am kranken Netzteil ungefähr ermittelt werden.

Weiter kann die Fehlerortbestimmung nach einem Vorschlag des Verfassers entweder durch schnellaufende Spannung-Zeit-Schreiber

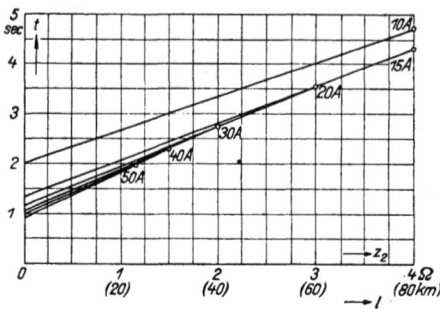

Abb. 121. Zeitkennlinien eines N-Relais.

(Störungschreiber) allein oder durch schnellaufende Spannung-Zeit-Schreiber unter Zuhilfenahme von Zeitkennlinien der Distanzrelais durchgeführt werden. Man benutzt hierzu, wie weiter unten noch näher ausgeführt, einmal lediglich die Spannungswerte zwischen den kurzgeschlossenen Leitern, aufgezeichnet durch Spannung-Zeit-Schreiber an 2, 4 oder mehr Stationen des Netzes, das andere Mal die Laufzeiten der Distanzrelais, die Spannungswerte bei Kurzschluß, beide durch Spannungs-Zeit-Schreiber aufgezeichnet, und die Zeitkennlinien der Distanzrelais. Die Laufzeit der Relais kann auch durch andere bereits erwähnte Zeitangabe-Einrichtungen festgestellt werden.

Schließlich kann der Fehlerort auch durch besondere Meßeinrichtungen ermittelt werden. Auf solche Einrichtungen, deren Wirksamkeit betriebsfremde Frequenz oder Gleichspannung voraussetzt, wird am Schluß des Kapitels eingegangen.

Die Einrichtungen für Fehlerortbestimmung lassen sich somit in vier Gruppen einteilen:

1. Fehlerortbestimmung aus der Laufzeit der Relais und den Relais-Zeitkennlinien,

2. Fehlerortbestimmung aus den Spannungswerten bei Kurzschluß, aufgenommen in zwei oder mehreren benachbarten Stationen,

3. Fehlerortbestimmung aus der Laufzeit der Relais, den Spannungswerten bei Kurzschluß und den Relais-Zeitkennlinien,

4. Fehlerortbestimmung mittels besonderer Meßeinrichtungen, die betriebsfremde Frequenz oder Gleichspannung erfordern.

Die ersten drei Gruppen der Fehlerortermittlung sind als Grobmeßeinrichtungen, die letzte als Feinmeßeinrichtung zu werten. Während die Einrichtungen der ersten drei Gruppen sich nur für die Ermittlung der Fehlerstelle bei Kurzschluß, Erdkurzschluß und Doppelerdschluß eignen, gestatten die Einrichtungen der letzten Gruppe die Bestimmung des Fehlerortes auch bei sattem Erdschluß und Leiterbruch. Die genannten Einrichtungen sollen im folgenden einzeln beschrieben und hinsichtlich ihrer Leistung kritisch betrachtet werden.

## 1. Fehlerortbestimmung aus den Laufzeiten der Relais und ihren Zeitkennlinien.

Die Fehlerortbestimmung aus den Relaislaufzeiten und Relais-Zeitkennlinien wird in groben Zügen folgendermaßen vorgenommen: Man liest zunächst an den Schleppzeigern, Schlepptrommeln oder Zeitmessern der einzelnen Relais beider Enden der fehlerhaften Leitung die Laufzeiten ab. Hierbei ist zu beachten, daß die Zeitangabe-Einrichtungen bei einigen Distanzrelais-Ausführungen die Laufzeit nur bis zum Schließen oder Öffnen des Auslösekreises angeben, bei anderen dagegen die Relaislaufzeit bis zur vollständigen Abschaltung des Kurzschlusses festhalten. Bei der letzteren Ausführung werden somit auch die Eigenzeit der Auslöser und die Eigenzeit der Hochspannungschalter zuzüglich der Lichtbogenlöschzeit mit erfaßt. Bei manchen Relaistypen wird sogar der Relaisnachlauf, falls die Relais einen solchen Mangel aufweisen, mit angezeigt. Sind die Laufzeiten der Relais untereinander an einem Ende der betroffenen Leitung verschieden, so sind — mit Rücksicht auf das während der Kurzschlußdauer mögliche Übergehen eines zweipoligen Kurzschlusses in einen dreipoligen oder umgekehrt —

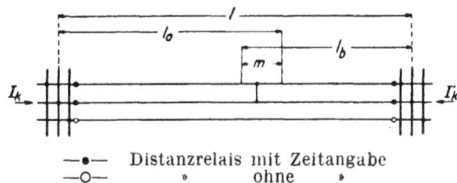

—•— Distanzrelais mit Zeitangabe
—○— » ohne »

Abb. 122. Zweipolig kurzgeschlossene Drehstromleitung, deren Abschaltung durch Distanzrelais veranlaßt wurde.

für die Fehlerortbestimmung stets die längsten Laufzeiten zu nehmen. An Hand der abgelesenen Relaislaufzeiten und der entsprechenden Relaiskennlinien, die die Laufzeit als Funktion der Sekundärimpedanz oder der Leitungslänge angeben (Abb. 121), ermittelt man die Entfernung des Fehlerortes, indem man entweder nur von einem Leitungsende ausgeht oder von beiden Enden. Im letzteren Falle führt ein Vergleich der ermittelten Werte zu einer Fehlerkorrektur. Ist die Summe der ermittelten Entfernungen $l_a$ und $l_b$ größer als die gesamte Länge $l$ der kurzgeschlossenen Leitung,

$$(l_a + l_b) > l,$$

so ist der Fehler im Überlappungsbereich zu suchen; ist sie kleiner,

$$(l_a + l_b) < l,$$

so schließt man auf einen Fehler im Zwischenbereich (Abb. 122).

Die Fehlerortbestimmung aus der Relaislaufzeit und den Relais-Zeitkennlinien ist verhältnismäßig einfach, jedoch wenig zuverlässig.

Ihre Genauigkeit wird in der Hauptsache durch die Stromabhängigkeit, die cos φ-Abhängigkeit und den nicht linearen Verlauf der Zeitkennlinien einzelner Relais beeinträchtigt. Gerade in dem meist anzuwendenden Bereich zwischen 0 und 1,5 $\Omega$ sekundärer Impedanz geben die Zeitkennlinien oft ungenaue Anhaltspunkte. Auch ist die von der Impedanz der Kurzschlußschleife abhängige Laufzeit der Relais bei manchen Außenschaltungen bei zwei- und dreipoligem Kurzschluß verschieden. Die Grundzeit bleibt dagegen bei gleich hohem Strom bei zwei- und dreipoligem Kurzschluß unveränderlich, so daß die Arbeitszeiten der Relais, d. h. die Grundzeiten zuzüglich der impedanzabhängigen Laufzeiten, sich in Wirklichkeit meist nur wenig unterscheiden. (Der zweipolige Kurzschluß kann in den meisten Fällen vom dreipoligen durch die an einem Satz Distanzrelais ausgelösten Fallklappen oder durch die Zeitangabeeinrichtungen unterschieden werden.) Außerdem kann die Laufzeit der Impedanzrelais noch durch den Lichtbogenwiderstand bei Kurzschluß sowie durch den Erdübergangswiderstand bei Erdkurzschluß erhöht werden[1]); diese Umstände erschweren wiederum das Ermitteln des Fehlerortes. Ganz irreführend können die Zeitangaben der Schleppzeiger, Schlepptrommeln und Zeitmesser werden, wenn diese nach jedem Kurzschluß oder Doppelerdschluß, auch wenn die Störungen nur vorübergehend waren, z. B. an Gewitter- und Sturmtagen, nicht wieder von Hand in die Anfangstellung gebracht werden. Für Pendelerscheinungen (Einschwingungsvorgänge) trifft dies natürlich auch zu. Dieser Mangel der Zeitangabeeinrichtungen an den bekannten Distanzrelais ist allerdings konstruktiv leicht zu beheben, indem die Einrichtungen so ausgelegt werden, daß sie bei den nicht auslösenden Relais selbsttätig wieder in die Ausgangsstellung zurückgezogen werden.

Abb. 123. Siemens
Vielfach-Zeitschreiber.

Verwendet man an Stelle der Schleppzeiger, Schlepptrommeln oder Zeitmesser Vielfachzeitschreiber (Abb. 123), die im Störungsfalle durch die Anregeglieder der Distanzrelais über Hilfskontakte auf schnelleren Vorschub, z. B. 10 mm/s, umgeschaltet werden, so ist die beschriebene Schwierigkeit beseitigt; denn die Schreibgeräte sind voll-

---

[1]) Distanzrelais in Reaktanzschaltung messen in diesen Fällen die Fehlerentfernung genauer.

selbsttätig, d. h. sie gehen nach jedem Ansprechen selbsttätig wieder in ihre volle Betriebsbereitschaft. Außerdem schließen die Vielfachzeitschreiber Irrtümer durch falsches Ablesen der Relaislaufzeiten seitens der Wärter aus. Die Vielfachzeitschreiber der bekannten Ausführungen (S & H und H & B) haben gewöhnlich je 12 Schreibfedern, so daß bei dreipoliger Schutzeinrichtung ein Vielfachschreiber für vier Hochspannungsschalter einer Drehstromanlage ausreicht. Die Aufzeichnungen der Phasen läßt man dabei vorteilhaft durch verschiedenfarbige Tinten ausführen.

## 2. Fehlerortbestimmung aus den Spannungswerten.

Die Fehlerortbestimmung mittels Spannungswerten, gemessen zwischen den kurzgeschlossenen Leitern an den Sammelschienen der einzelnen Stationen, soll weiter unten an zwei Beispielen (Doppel-

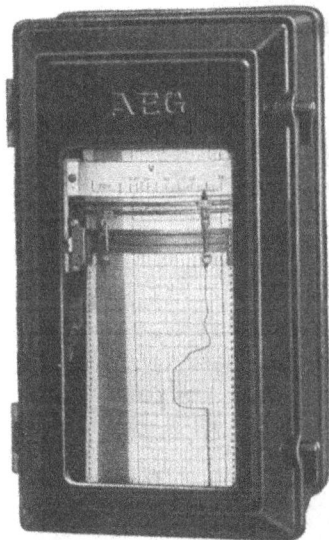

Abb. 124. Spannung-Zeit-Schreiber
der AEG, einphasig.

Abb. 125. Spannung-Zeit-Schreiber
der AEG, dreiphasig.

leitungen mit einseitiger Speisung und Ringleitungen mit einseitiger Speisung) erläutert werden. Vorher sei kurz auf die zur Messung der Spannungswerte erforderlichen Spannung-Zeit-Schreiber eingegangen.

Die Abb. 124 bis 126 zeigen einphasige und dreiphasige Spannung-Zeit-Schreiber. Zuerst wurden nur einphasige hergestellt (vor etwa 5 Jahren). Seit zwei Jahren sind auch dreiphasige Spannung-Zeit-Schreiber auf den Markt gekommen. Die Störungsschreiber haben sich inzwischen in der Praxis für Zwecke der allgemeinen Störungsklärung gut bewährt und sind zu einem willkommenen Betriebshilfsmittel geworden. Die Spannung-Zeit-Schreiber der Firmen AEG[1]) und Siemens[2]) haben bei normalen Betriebsverhältnissen einen Papiervorschub von

10 ... 20 mm/h und geben bei Eintritt einer Störung auf den schnellen Vorschub (10 oder 20 mm/s) über, der nach 10 bis 20 s selbsttätig wieder in den normalen Vorschub zurückkehrt. Im Normalbetrieb verhalten sich diese Schreiber wie gewöhnliche registrierende Voltmeter. Der Störungsschreiber der Studiengesellschaft für Höchstspannungsanlagen[3]) besitzt drei Trommeln, die dauernd mit 25 mm/s Umdrehungsgeschwindigkeit laufen. Im Störungsfalle werden die sonst arretierten Schreibzeiger freigegeben.

Die Spannung-Zeit-Schreiber sind ähnlich den Vielfachzeitschreibern vollselbsttätig, werden aber durch eigene Anregeglieder auf den schnellen Vorschub umgeschaltet. Sie können durch Unterspannungs-, Überstrom- oder Unterimpedanz-Ansprechrelais (vgl. a. Kap. C) angeregt werden. Falls ihre Voltmeter zur Registrierung der Spannung bei Kurzschluß und evtl. bei Überlastung normal an der verketteten Spannung liegen, so ist es zweckmäßig, sie bei Doppelerdschluß, Erdkurzschluß und Erd-

Abb. 127. Spannung-Zeit-Schreiber der Studiengesellschaft für Höchstspannungsanlagen, dreiphasig.

---

[1]) AEG-Mitt. 1933, H. 2.
[2]) Siemens-Zt. 11, 1931, S. 325.
[3]) V. Aigner, Elektr.-Wirtsch., Bd. 30 (1931), S. 598.

schluß unter Benutzung der Nullpunktspannung, des Asymmetriestromes oder der Nullpunktleistung an die Spannung zwischen dem kranken Leiter und Erde zu legen (vgl. Abb. 128); sind dagegen ihre Voltmeter normal an die Spannungen gegen Erde gelegt, so können diese zur Messung der verketteten Spannung zwischen den kurzgeschlossenen Phasen durch Überstrom-, Unterspannungs- oder Unterimpedanzrelais entsprechend umgeschaltet werden.

In den Abb. 129 und 130 sind im Betrieb aufgenommene Spannung-Zeit-Diagramme wiedergegeben; sie zeigen den Spannungsverlauf und die Störungsdauer. Aus dem Verlauf solcher Spannungskurven lassen sich auch die Übergänge vom zweipoligen zum dreipoligen Kurzschluß und umgekehrt zeitlich feststellen, welcher Umstand bei den unter 1. und 3. angeführten Fehlerortbestimmungen von Bedeutung ist.

a einphasige Spannung-Zeit-Schreiber
b Umschaltrelais
c Fünfschenkel-Spannungswandler
S.S. Samelschiene
$i_n$ Summenstrom (Asymmetriestrom)
$u_n$ Nullpunktspannung

Abb. 128. Umschaltung der Spannung-Zeit-Schreiber von der verketteten Spannung auf die Spannung gegen Erde unter Zuhilfenahme des Summenstromes oder der Nullpunktspannung.

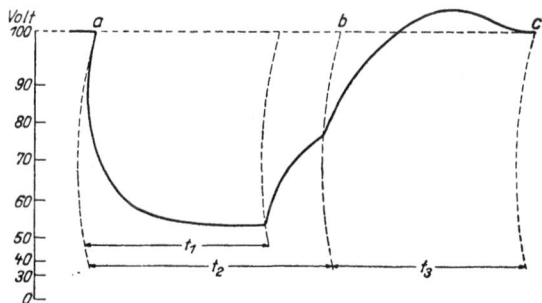

Die Spannung-Zeit-Schreiber für Fehlerortermittlung baut man zweckmäßig in alle Stationen ein, in denen Distanzrelais installiert sind. Je Station genügt ein dreiphasiger Schreiber. Bei Verwendung von selbsttätigen Umschalteinrichtungen genügt je Station auch ein

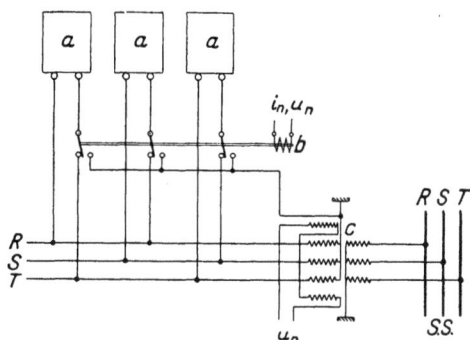

a Einsetzen des Kurzschlusses
b volle Abschaltung des Kurzschlusses
c normaler Spannungszustand
$t_2$ Abschaltzeit der Relais am andern Leitungsende zuzüglich der Ölschalter-Arbeitszeit.
$t_1$ Abschaltzeit der Relais an einem Leitungsende zuzüglich der Ölschalter-Arbeitszeit
$t_3$ Erholungszeit der Spannung nach erfolgter Abschaltung des Kurzschlusses
Abb. 129. Spannungsdiagramm, aufgenommen mit einem Spannung-Zeit-Schreiber der Studiengesellschaft für Höchstspannungsanlagen.

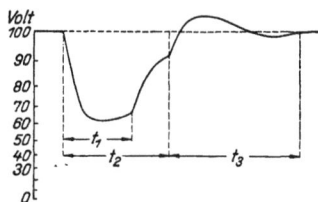

$t_1$ Abschaltzeit der Relais an einem Leitungsende zuzüglich der Ölschalter-Arbeitszeit.
$t_2$ Abschaltzeit der Relais am anderenLeitungsende zuzüglich der Ölschalter-Arbeitszeit.
$t_3$ Erholungszeit der Spannung nach erfolgter Abschaltung des Kurzschlusses
Abb. 130. Spannungsdiagramm, aufgenommen mit einem Spannung-Zeit-Schreiber der AEG.

10*

zweiphasiger, unter Umständen sogar auch ein einphasiger Spannung-Zeit-Schreiber (vgl. DRP. 549742 vom 7. Januar 1931).

Beispiel 1. Die Speisung der Doppelleitungen in Abb. 131 erfolge nur durch das Kraftwerk *I*. Auf der Leitung *3* entstehe ein zwei- oder dreipoliger metallischer Kurzschluß. Die Leitung *4* habe die gleichen Leitungskonstanten wie die Leitung *3*. Der Spannung-Zeit-Schreiber in der Station *B* registriere in einem bestimmten Zeitpunkt des Kurzschlusses zwischen den kurzgeschlossenen Phasen die Spannung $U_B$, der Spannung-Zeit-Schreiber in der Station *C* im gleichen Zeitpunkt die Spannung $U_C$. Beide Werte

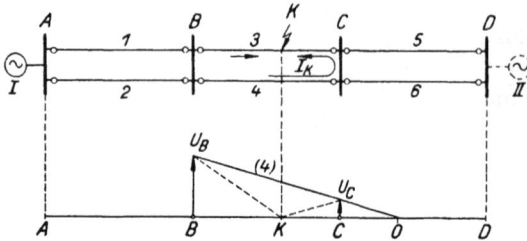

Abb. 131. Fehlerortbestimmung in einem Netz mit Doppelleitungen unter Zuhilfenahme der Spannung zwischen den kurzgeschlossenen Phasen in zwei Stationen.

werden auf der Auswertungsgeraden $AD$ im entsprechenden Maßstab senkrecht aufgetragen, wie Abb. 131 zeigt. Verbindet man die Endpunkte der Vektoren $U_B$ und $U_C$ durch eine Gerade, verlängert sie bis zur Grundlinie $AD$ und klappt das so entstandene Dreieck $U_C O C$ um die Kathete $U_C C$ um, so gibt der Punkt $K$ den Fehlerort auf der Leitung *3* an. Die Spannungsdifferenz zwischen $U_B$ und $U_C$ entspricht dem Spannungsabfall auf der Leitung *4*, die Spannungsdifferenz $U_C O$ dem Spannungsabfall auf dem Leitungstück $CK$ der Leitung *3*. Handelt es sich um einen Kurzschluß mit hohem Widerstand an der Fehlerstelle (vor allem Lichtbogen-Kurzschluß, evtl. auch Erdkurzschluß), so liegt der Fehler seitlich vom Schnittpunkt $K$. Ähnliche Verhältnisse

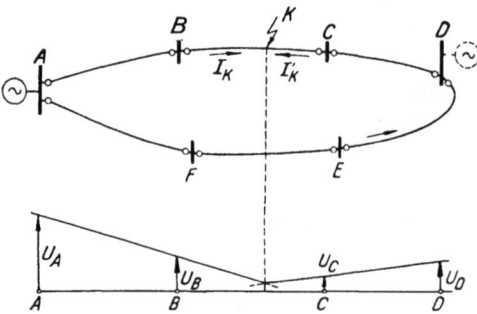

Abb. 132. Fehlerortbestimmung in einem Ringnetz mit Hilfe der Spannung, gemessen zwischen den kurzgeschlossenen Phasen in vier Stationen.

ergeben sich, wenn die Speisung der Doppelleitungen nur vom Kraftwerk *II* erfolgt. Bei beiderseitiger Speisung der Doppelleitungen führt die Fehlerortbestimmung mittels der Spannungswerte zu Komplikationen. Dann kann der Fehlerort nach der 3. Methode ermittelt werden.

Beispiel 2. In einseitig gespeisten Ringnetzen bestimmt man den Fehlerort aus Spannungsaufzeichnungen von 4 Stationen (vgl. Abb. 132). Hierzu trägt man auf der Auswertungsgeraden $AD$ die betreffenden Spannungswerte $U_A$, $U_B$, $U_C$ und $U_D$ zu einem bestimmten für alle Stationen gleichen Zeitpunkt in Abständen entsprechend den jeweiligen Leitungs-Scheinwiderständen auf und zieht danach die Verbindungsgeraden bis zum Schnittpunkt. Berührt der Schnittpunkt die Auswertungsgerade $AD$, so liegt ein metallischer Kurzschluß vor, d. h. der Übergang des Stromes zwischen den kurzgeschlossenen Leitern vollzieht sich widerstandslos; andernfalls hat man es mit einem zusätzlichen Widerstand an der Kurzschlußstelle zu tun, d. h. es liegt ein Lichtbogen-Kurzschluß oder ein Erdkurzschluß vor. Hier ist dann der Spannungsabfall auf den Leitungen zwischen den Stationen nicht mehr geradlinig, sondern er ändert sich nach einer Hyperbel[1]). Diese Erscheinung ist auf den Einfluß des Lichtbogen- oder Erdübergangs-Widerstandes zurückzuführen, die beide, wie bekannt, vornehmlich Ohmschen Charakter tragen. Der hyperbelartige Verlauf des Scheinwiderstandes bzw. der Kurzschlußspannung läßt sich durch die geometrische Addition der Wirk- und Blindwiderstände in der wirksamen Kurzschlußschleife leicht nachweisen. In derartigen Fällen benutzt man dann zur Fehlerortermittlung Ersatzgeraden, die über die in den einzelnen Stationen gemessenen Spannungswerte führen. In Abb. 132 ist der Verlauf der Spannungsabfälle der Einfachheit halber nur durch Ersatzgeraden dargestellt. Die Fehlerortermittlung bleibt dabei immer noch verhältnismäßig genau. Man könnte annehmen, daß die aus den Stationen $B$ und $C$ der Abb. 132 herausfließenden Kurzschlußströme infolge einer erhöhten Stromabnahme durch Motoren, Umformer u. dgl. in diesen Stationen kleiner sind als die hineinfließenden und demzufolge der Verlauf des Spannungsabfalles noch weiter gefälscht werden würde[2]). Dies braucht jedoch im allgemeinen nicht befürchtet zu werden, da der Kurzschluß ein so großer Verbraucher ist, daß ihm gegenüber die normale Netzbelastung vollkommen zurücktritt.

Falls Leitermaterial und Leiterquerschnitte der einzelnen Leitungstrecken untereinander verschieden sind, so sind für die Fehlerortbestimmung entsprechende Umrechnungen vorzunehmen.

Die Fehlerortbestimmung mittels der Spannungswerte ist für einige besondere, aber häufig anzutreffende Netzgebilde, wie Doppelleitungen mit einseitiger Speisung, einfache Ringleitungen u. dgl., genauer als die der Gruppe 1, was bei langen Leitungen besonders ins Gewicht fällt. Außerdem arbeiten die Spannung-Zeit-Schreiber vollselbsttätig. Bei vermaschten Netzen führt die Ermittlung der Fehlerstelle nach dieser Methode jedoch zu umständlichen Rechnungen. In solchen und noch einigen anderen Fällen greift man dann, wie oben

---

[1]) Diesem Umstand muß auch beim Impedanzschutz Rechnung getragen werden, insbesondere beim Festlegen impedanzabhängiger Staffelzeiten in nicht vermaschten Netzen.

[2]) Es kann auch vorkommen, daß solche Maschinen, statt im Kurzschlußfalle Strom zu beziehen, Fehlerstrom nach der Kurzschlußstelle liefern.

schon einmal erwähnt, zur Fehlerortbestimmung nach Gruppe 3, d. h. zur Laufzeit der Relais, zu den Spannungswerten und zu den Relais-Zeitkennlinien. Die Fehlerortbestimmung gemäß Gruppe 2 stellt somit nur eine Teillösung dar. Die Anwendung der Spannung-Zeit-Schreiber bietet jedoch für die allgemeine Störungsklärung weitere Vorteile. Aus den Spannungsdiagrammen Abb. 128 und 129 ist nämlich auch das Verhalten der Strom- und Spannungsregler der Generatoren unmittelbar nach der Störung ersichtlich. Schwebungen bei Pendelerscheinungen werden gleichfalls aufgezeichnet.

Die Aufzeichnung der Spannung bei Kurzschluß gibt aber auch wertvolle Anhaltspunkte für das Studium der Lichtbogenwiderstände.

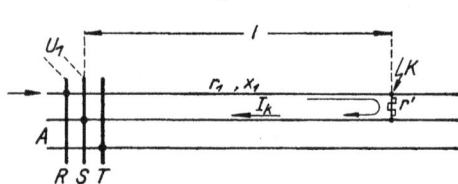

$l$ Entfernung der Kurzschlußstelle $K$ in km
$r_1$ Wirkwiderstand je Phase in $\Omega$
$x_1$ Blindwiderstand je Phase in $\Omega$
$I_k$ Kurzschlußstrom in A
$r'$ Wirkwiderstand an der Kurzschlußstelle in $\Omega$
$U_1$ Spannung in V
$z_1 = \sqrt{r_1^2 + x_1^2}$ Impedanz je Phase in $\Omega$

Abb. 133. Spannungsermittlung in einer Kurzschlußschleife.

Dies sei an Hand eines einfachen Beispiels erläutert. Im Leitungsabzweig der Abb. 133 entstehe in $l$ (km) Entfernung ein zweipoliger Kurzschluß, und der Spannung-Zeit-Schreiber in der Station $A$ registriere zu einem bestimmten Zeitpunkt $t$ während der Kurzschlußdauer die Spannung $U_1$. Will man nun nach Kenntnis der Fehlerstelle wissen, ob die Überbrückung der kranken Phasen $R$ und $S$ über einen hohen Widerstand oder praktisch widerstandslos erfolgt ist, so braucht man nur die Spannung in der Station $A$ für den metallischen Kurzschluß aus der Beziehung

$$U_2 = I_k \sqrt{(2\,r_1)^2 + (2\,x_1)^2} = I_k \cdot 2\,z_1 \quad \ldots \ldots \quad (59)$$

nachzurechnen, wozu allerdings der Kurzschlußstrom $I_k$ vorher ermittelt werden muß. Ist dabei

$$U_1 = U_2,$$

so handelt es sich um einen metallischen Kurzschluß. Ist hingegen

$$U_1 > U_2,$$

so liegt ein Kurzschluß über Lichtbogen oder über einen anderen Widerstand vor. Hierfür nimmt dann Gl. (59) die Form an:

$$U_1 = I_k \sqrt{(2\,r_1 + r')^2 + (2\,x_1)^2} = U_2 \,\hat{+}\, I_k r', \quad \ldots \quad (60)$$

wobei $r'$ den Widerstand an der Kurzschlußstelle bedeutet. Die Größe des Kurzschlußwiderstandes $r'$ kann aus Formel (60) leicht ermittelt werden.

Die Skalen der bekannten Spannung-Zeit-Schreiber haben entweder quadratische oder lineare Charakteristiken. Für die genaue

Fehlerortbestimmung sollten die Meßbereiche der quadratischen Skalen zwischen 0 und 50 V mehr auseinandergezogen werden, um gerade in diesem Bereich bei Netzstörungen genauere Meßwerte zu erzielen (Abb. 134). Eine praktisch lineare Charakteristik der Skalen erzielt man durch Verwendung von Drehspul-Voltmetern mit Trockengleichrichtern (Kupferoxydul- oder Selen-Gleichrichtern). Diese beeinflussen die Meßwerte allerdings etwas ungünstig,

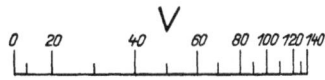

V

0    20        40    V    60    80  100 120 140

Abb. 134. Voltmeterskala des einphasigen Spannung-Zeit-Schreibers der AEG.

weil sie von der Kurvenform und von der Raumtemperatur abhängig sind; für die Praxis dürfte die Meßgenauigkeit in den meisten Fällen jedoch ausreichend sein.

### 3. Fehlerortbestimmung aus Relaislaufzeiten, Spannungswerten und Relais-Zeitkennlinien.

Die Fehlerortbestimmung aus der Laufzeit der Relais, den Spannungswerten bei Kurzschluß und den Relais-Zeitkennlinien kann folgendermaßen vorgenommen werden. Man stellt zunächst die reine Laufzeit der Relais bis zum Kontaktschluß an Hand der Schleppzeiger, Schlepptrommeln, Zeitmesser oder Vielfachzeitschreiber fest, ferner die Spannung, aufgezeichnet durch die Spannung-Zeit-Schreiber kurz vor dem Auslösen der Distanzrelais bzw. der Ausschaltung der Hochspannungschalter; dabei sind für die Fehlerortbestimmung die längste Relaislaufzeit und die Spannungen zwischen den kurzge-

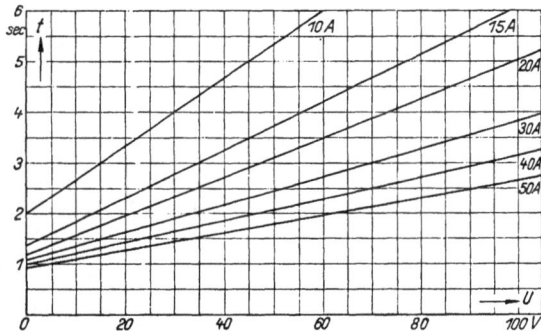

Abb. 135. Zeitkennlinien eines $N$-Relais $t = f(u)$ für verschiedene Ströme.

schlossenen Phasen an jedem Ende der schadhaften Leitung maßgebend. Hierauf wird aus einer Kurvenschar, die die Laufzeit der Relais als Funktion der Spannung bei verschiedenen Strömen darstellt (Abb. 135), der Kurzschlußstrom $i$ ermittelt, der der Relaislaufzeit $t$ und der Relaisspannung $u$ entspricht. Der Quotient aus Spannung $u$ und Strom $i$, beide gemessen auf der Sekundärseite der Wandler bzw. an den Klemmen der Relais, entspricht der Sekundärimpedanz der Kurzschlußschleife:

$$z_2^{II} = 2 z_2 = \frac{u}{i}.$$

Die Sekundärimpedanz[1]) kann auch aus der Kurvenschar der Abb. 121 ermittelt werden, wenn man die Relaislaufzeit $t$ und den aus der Kurvenschar (Abb. 135) gefundenen Relaisstrom $i$ zu Hilfe nimmt. Bei dem letzten Verfahren kann gleichzeitig auch die ungefähre Fehlerentfernung abgelesen werden. Die Bestimmung des Fehlerortes kann natürlich auch aus Kurvenscharen vorgenommen werden, die den Beziehungen $t = f(u)$ bei $z_2 =$ const oder $t = f(z_2)$ bei $u =$ const entsprechen.

Bei einem Kurzschluß über höhere Lichtbogen- oder Erdübergangs-Widerstände werden die ermittelten Widerstandswerte bzw. Fehlerentfernungen natürlich zu hoch ausfallen. Solche Fehler können jedoch leicht ausgeglichen werden, wenn man die Untersuchung auch vom anderen Ende der Leitung aus vornimmt und einen Vergleich der gefundenen Werte anstellt. Stimmt die Summe der Fehlerentfernungen nicht mit der Gesamtlänge der fehlerhaften Leitungstrecke überein, so wird die Bestimmung des Fehlerortes ähnlich wie bei der Fehlerortbestimmung nach Gruppe 2 vorgenommen (s. a. Abb. 122).

Das hier beschriebene Verfahren zur Bestimmung des Fehlerortes ist dem ersten an Genauigkeit, dem zweiten hinsichtlich des Anwendungsbereichs weit überlegen. Es ist genauer als das Verfahren nach 1., weil es den Einfluß der Höhe des Stromes auf die Laufzeit der Relais miterfaßt[2]) und weil es für Überprüfungen mehrere Kontrollmöglichkeiten bietet. Die Spannung-Zeit-Schreiber unterstützen dieses Verfahren, indem sie außer der absoluten Spannungshöhe auch das Übergehen eines zweipoligen Kurzschlusses in einen dreipoligen oder umgekehrt zeitlich eindeutig anzeigen und mitunter auch die Abklingungszeit des Stoßstromes aufzeichnen; außerdem sind sie vollselbsttätig. Diese Art Fehlerortbestimmung ist in beliebigen Netzgebilden anwendbar und kann somit in Verbundnetzen als Einheitsverfahren verwendet werden.

## 4. Fehlerortbestimmung durch besondere Meßeinrichtungen.

Die Fehlerortbestimmung mittels Meßeinrichtungen[3]) wird hier nur kurz erörtert, da hierüber schon an anderen Stellen ausführlich berichtet worden ist. So beschreibt H. Poleck[4]) ein Fehlerort-Meßgerät für Hochspannungs-Freileitungen, das in Brückenschaltung und mit betriebsfremder Meßfrequenz (100 Hz) arbeitet. Die Einrichtung besteht im wesentlichen aus Meßinstrumenten, Regelapparaten und einem

---

[1]) Siehe Seite 49.

[2]) Bei diesem Verfahren steht somit außer der Zeit $t$ und der Spannung $u$ auch der jeweilige Strom $i$, der aus einer Kurvenschar ermittelt wird, zur Verfügung.

[3]) S. a. P. Bernett, Die Bekämpfung des Erd- und Kurzschlusses in Höchstspannungsnetzen, S. 22 … 36. Verlag R. Oldenbourg, München 1927.

[4]) H. Poleck, Siemens-Z. Bd. 10, S. 153 (1930); H. Poleck, ATM, 1931—T 21, Verlag R. Oldenbourg.

Periodenumformer, die in einem ortsfesten Meßschrank vereinigt sind. Sie gestattet die Ermittlung des Fehlerortes bei Kurzschluß, Erdschluß und Leiterbruch auf Entfernungen bis zu 250 km. Gemessen wird je nach der Fehlerart entweder die Induktivität $L$ oder die Kapazität $C$. Die Messung ist nur bei abgeschalteten Leitungen mit Durchschaltung[1]) möglich. Bei sattem Kurzschluß und bei sattem Erdschluß wird die Entfernung des Fehlers bis zu 1 km genau gemessen.

Weiter berichtet Röhrig über ein universelles Meßverfahren[2]), das im Elektrotechnischen Institut der T. H. Aachen unter der Leitung von Prof. Rogowski entwickelt wurde (Messung mit Wanderwellen unter Benutzung eines Kathodenoszillographen). Dieses setzt die Verwendung von Gleichspannung voraus und gestattet die Bestimmung des Fehlerortes bei Kurzschluß, Erdschluß und Leiterbruch sowohl bei ausgeschalteten als auch bei eingeschalteten Leitungen. Es ist wirksam für praktisch unbegrenzte Leitungslängen.

Die Meßeinrichtungen nach 4. haben gegenüber denen der Gruppen 1, 2 und 3 den Nachteil, daß sie bei Kurzschluß über Lichtbogen[3]) die Fehlerortermittlung nicht gestatten, da bekanntlich der Lichtbogen nach wenigen Sekunden abreißt, sei es durch eigenen Auftrieb oder infolge Abschaltung der Leitung. Die darauf folgende Messung versagt, weil die Überbrückung der Leiter bereits aufgehoben ist. Diese Annahme trifft sinngemäß auch für den Erdschluß zu, dessen Lichtbogen aus irgendeinem Grunde erlosch. Die vom Lichtbogen angefressenen Leitungsstellen können sodann nur durch Abgehen der kranken Strecke gefunden werden.

Schließlich sei noch auf eine kuriose Fehlerortermittlung hingewiesen, die seit Jahren in Freileitungsnetzen erfolgreich angewendet wird, nämlich auf die optische Feststellung des Fehlerortes. Viele Überlandwerke belohnen Personen, die über Lichtbogenerscheinungen und sonstige Störungen telephonisch Mitteilung machen. Man hat festgestellt, daß die Bevölkerung die Freileitungen bei Gewitter und Rauhreif besonders scharf beobachtet. Dieses praktische Verfahren versagt jedoch bei Nebel und Schneesturm, ferner in schwach besiedelten Gegenden.

## 5. Schlußbemerkung.

Die vorstehenden Ausführungen zeigen, daß für die Fehlerortbestimmung bei Kurzschluß, Erdkurzschluß und Doppelerdschluß am

---

[1]) Unter Durchschaltung versteht man die Verbindung zweier oder mehrerer Leitungstrecken, von deren Sammelschienen in den einzelnen Stationen keine weiteren Leitungen abgehen und die selbst zwischen den einzelnen Stationen keine Abzweige haben.

[2]) Röhrig, ETZ 1931, S. 241; Röhrig-Boekels, Arch. f. El., Bd. 26 (1932), S. 315.

[3]) Lichtbogen-Kurzschlüsse sind in Freileitungsnetzen vorherrschend.

besten sich die Verfahren nach Gruppe 2 und 3 eignen. Diese sind der Fehlerortbestimmung nach Gruppe 1 hinsichtlich der Genauigkeit, der Fehlerortbestimmung nach Gruppe 4 hinsichtlich des Anwendungsbereiches überlegen. Mit Verfahren 4 lassen sich nämlich die Fehlerstellen nur bei metallischen bzw. praktisch metallischen Kurzschlüssen ermitteln, keineswegs aber bei Fehlern über Lichtbogen, die gerade in Freileitungsnetzen weitaus in der Mehrzahl sind. Der Einwand, daß nach Erlöschen des Lichtbogens die Leitungstrecken wieder intakt seien und die Fehlerortbestimmung somit belanglos wäre, ist nicht stichhaltig. Insbesondere nicht für Aluminium- bzw. für Stahlaluminiumleitungen, weil diese Leitungen durch die Einwirkung von Lichtbögen oft dermaßen beschädigt werden, daß eine sichere Betriebsführung weiterhin fraglich ist. — Auch in wirtschaftlicher Hinsicht dürften die Einrichtungen nach Gruppe 2 und 3 der Gruppe 4 überlegen sein, da Distanzrelais ohnedies schon vorhanden und Spannungschreiber, wenn auch in geringerer Stückzahl, bei den heutigen Verbundnetzen für die Störungsauswertung nahezu unentbehrlich sind.

Zur Genauigkeit der Verfahren nach Gruppe 2 und 3 kann gesagt werden, daß unter Voraussetzung guter Registrierinstrumente und sorgfältiger Auswertung der Aufzeichnungen sich der Fehlerort bei sattem Kurzschluß bis zu 1 km genau bestimmen läßt. Bei Fehlern über Lichtbogen oder über Erde nimmt die Genauigkeit ab; immerhin kann der Fehlerort noch annähernd ermittelt werden.

## P. Verhalten der Distanzrelais bei Pendelerscheinungen[1].

Kurzschlüsse in elektrischen Netzen haben Belastungs- und Entlastungsstöße zur Folge, die mitunter erhebliche Leistungspendelungen (Einschwingungsvorgänge) zwischen den Kraftwerksmaschinen einleiten. Die Pendelungen haben ihre Ursache im wesentlichen darin, daß bei Kurzschluß die elektrischen Maschinen in den verschiedenen Kraftwerken oder auch im gleichen Kraftwerk infolge stark abgesunkener Spannung, anormaler Lastverteilung, ungleichmäßig zurückgehender Frequenz usw. aus dem Synchronismus kommen und sich gegenseitig wieder in Synchronismus ziehen wollen. Meistens gelingt es den Maschinen, sich wieder zu fangen, jedoch gibt es auch Fälle, in denen die Pendelungen nicht von selbst abklingen.

Einmal ausgelöste Pendelungen können durch verschiedene Umstände begünstigt werden. Von Einfluß sind vor allen Dingen Lage und Art der Fehler, Antriebsform und Größe der elektrischen Maschinen, ferner die Eigenschaften der Kraftmaschinen- und der Generatoren-

---

[1] S. a. M. Walter, E. u. M., 50 (1932), Heft 17.

regler[1]). Hinsichtlich Lage und Art der Fehler ist hauptsächlich zu bemerken, daß unsymmetrisch zu den Kraftwerken gelegene Kurzschlüsse den Asynchronismus verstärken, und daß zweipolige Kurzschlüsse für das Außertrittfallen der Maschinen weniger gefährlich sind als dreipolige. Bei zweipoligem Schluß sinken nämlich die Spannungen zwischen der gesunden und den kranken Phasen verhältnismäßig wenig ab und deshalb bleibt noch ein Energiefluß zwischen den Stromquellen bestehen. Die Antriebsform der Generatoren macht sich besonders beim Zusammenarbeiten von Wasser- und Dampfkraftwerken bemerkbar, die sich wegen der verschiedenen Maschinenbauart (Drehzahl, Schwungmasse, Regler usw.) nach starken Pendelungen sehr schwer fangen. Von den Reglern wirken die Kurzschlußstromregler im allgemeinen ungünstig auf die Stabilität der Netze mit langen Kupplungsleitungen, da sie

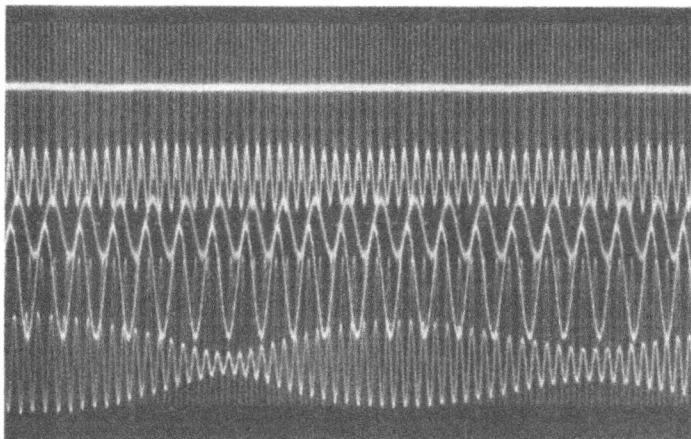

Abb. 136. Oszillogramm mit Stromschwebungen.
Dauer der Schwebung in der Mitte etwa 32 Perioden.

die treibende Spannung herabdrücken und somit die synchronisierenden Kräfte schwächen. Spannungsschnellregler an den Generatoren üben dagegen einen günstigen Einfluß aus, indem sie versuchen, die treibende Spannung hochzuhalten. In manchen Fällen wird sogar eine Stoßerregung bei Spannungsrückgängen von Vorteil sein.

Die Pendelungen treten, wie Erfahrungen und Rechnungen zeigen, schon in den ersten Perioden nach Beginn des Kurzschlusses ein und bilden sich nach 2 bis 3 s immer mehr aus. Ihre Dauer, d. h. die Zeit

---

[1]) Vgl. a. H. Thoma, Schwebungserscheinungen und Relaisversager in Kraftübertragungsnetzen, ETZ 49 (1928), S. 417; W. Peters, ETZ 52 (1931), S. 1509; W. Peters, E. u. M. 49 (1931), S. 769; M. Keller, Bull. SEV. 20 (1929), S. 535; A. v. Timascheff, VDE-Fachberichte, Frankfurt a. M. (1931), S. 117; E. u. M. 49 (1931), S. 820.

zwischen zwei Pendelknoten, kann sehr verschieden sein, etwa 0,2 bis 2 s (Abb. 136). Die Pendelungen bringen meist hohe Überströme und starke Spannungsabsenkungen mit sich und tragen somit kurzschlußartigen Charakter. Naturgemäß drängt sich die Frage auf, wie sich bei solchen Erscheinungen die gebräuchlichsten Distanzrelais verhalten, die ja in Hochspannungsnetzen mit mehreren Stromquellen nahezu unentbehrlich sind. Außerdem ist zu untersuchen, ob Distanzrelais bei Pendelerscheinungen überhaupt auslösen sollen oder nur in bestimmten Fällen.

Einige Modelle der Distanzrelais führen bei anhaltenden Pendelungen zur Abschaltung, andere dagegen unter Umständen nicht, insbesondere, wenn die einzelnen Pendelungen nur von kurzer Dauer sind (bis etwa 1 s). Relais mit grundsätzlich hohen Auslösezeiten neigen weniger leicht zur Abschaltung. Als unempfindlichstes Distanzrelais gegen Pendelerscheinungen hat sich das von Biermanns[1]) angegebene herausgestellt, das verhältnismäßig hohe Auslösezeiten aufweist (bis 3 s) und dessen Ablaufglied bei Durchgang der Stromschwebungen durch Null versucht, in die Ausgangsstellung zurückzukehren. Beim $N$-Relais erfolgt die Auslösung wesentlich rascher, weil durch das thermische Stromelement die Stromimpulse der Pendelungen integriert werden.

Die übrigen Distanzrelais mit stetigen Zeitkennlinien neigen zufolge ihrer Konstruktion bei Pendelungen mit Zeiten über 1 s zwischen zwei Pendelknoten teils zu einer noch schnelleren Auslösung, es sei denn, daß ihre Anregung unempfindlich eingestellt ist oder daß besondere Sperrrelais eingebaut werden, die das Auslösen der Distanzrelais bei Maschinenpendelungen verhindern.

Schnelldistanzrelais verhüten durch ihre kurzen Arbeitszeiten in der ersten Stufe, d. h. bei Fehlern auf etwa 50 bis 60% der einzelnen Leitungsstrecken, gewöhnlich das Außertrittfallen der Maschinen. Bei Kurzschlüssen im Rest der einzelnen Leitungsstrecken arbeiten diese Relais mit der Zeit der zweiten Stufe (0,7 bis 1 s), in der schon große gegenseitige Polverdrehungen in den Maschinen auftreten können. Weisen nun noch die Hochspannungschalter lange Arbeitszeiten auf, so gehen die Vorzüge der Schnelldistanzrelais weiter verloren. Eine Verbesserung wird erzielt, wenn man beim Schnelldistanzschutz die Schalter des gestörten Anlageteiles gleichzeitig ausschalten läßt, indem die zuerst auslösenden Relais (1. Stufe) über Verbindungsleitungen oder Hochfrequenzkanäle beide Schalter steuern.

Ausführliche Versuche in einem Netz in der Schweiz haben ergeben, daß die Abschaltung eines Kurzschlusses schon in 0,4 s herbeigeführt

[1]) J. Biermanns, E. u. M. 43 (1925), S. 369; E. Groß, E. u. M. 43 (1925), S. 881; E. u. M. 45 (1927), S. 801.

sein muß, wenn das Außertrittfallen der Maschinen vermieden werden soll[1]). R. Rüdenberg weist in einer neueren Arbeit[2]) nach, daß bei den ungünstigsten Kurzschlußfällen eine Schnellabschaltung schon innerhalb 0,1 s erfolgen muß.

Die vollständige oder teilweise Trennung der von Pendelungen erfaßten Werke wird durch die Distanzrelais ganz willkürlich an einer oder mehreren Stellen des Netzes veranlaßt. Irgendwelche Selektivität tritt dabei nicht in Erscheinung. Dies kann man auch nicht fordern, weil ja im betreffenden Netzteil meist keine Fehlerstelle vorhanden ist. Wenn von den Elektrizitätswerken verlangt wird, daß die Trennung der Kraftwerke bei anhaltenden Pendelungen an einer bestimmten Stelle des Netzes erfolgen soll, zum Beispiel dort, wo Synchronisiereinrichtungen vorhanden sind, dann ist diese Aufgabe einem anderen Schutzsystem zu überlassen. Hierfür käme beispielsweise die von Lulofs (Amsterdam) vorgeschlagene Einrichtung in Frage, die im wesentlichen aus einem Überstromzeitrelais besteht, das bei den Pendelknoten nicht in die Anfangslage zurückgeht (Rücklaufsperre), sondern die einzelnen Impulswirkungen addiert und nach Erreichen einer bestimmten Summe das Auslösen der Schalter bewirkt. Aber auch dagegen spricht der Umstand, daß die Distanzrelais an anderer Stelle schon früher auslösen können als die Überstromzeitrelais mit Rücklaufsperre.

Die Ansichten der Betriebsleiter über die Frage, ob bei Pendelerscheinungen von längerer Dauer eine Trennung der Stromquellen zweckmäßig ist oder nicht, gehen weit auseinander. Die einen glauben, daß sich ihre Maschinen unter allen Umständen wieder fangen, so daß eine Abschaltung nicht erforderlich ist, die anderen vertreten den entgegengesetzten Standpunkt. Daß es in der Praxis Fälle gibt, bei denen das Intrittkommen der Maschinen ausgeschlossen und folglich eine Trennung unumgänglich erforderlich ist, zeigen theoretische Überlegungen und bestätigen die folgenden Beispiele. Die ersten zwei Fälle hatte der Verfasser vor einigen Jahren zu untersuchen.

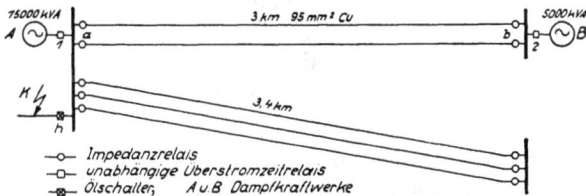

Abb. 137. Pendelungen in einem 5 kV-Kabelnetz.

Im Falle I versagte der in Abb 137 angedeutete Ölschalter $h$ bei Eintritt des Kurzschlusses $K$. Die aufgebauten Primärrelais wurden

[1]) S. Holzach, Bull. des SEV., 1932, Heft 23.
[2]) R. Rüdenberg, E. u. M., Bd. 51 (1933). S. 164.

nämlich durch die dynamische und thermische Wirkung des Kurzschlußstromes zerstört, so daß ein neuer Fehlerherd am Ölschalterdeckel entstand. Da der Fehler stark unsymmetrisch zu den Dampfkraftwerken $A$
und $B$ lag, gingen Spannung und Maschinendrehzahl im Kraftwerk $A$
viel mehr zurück als im Kraftwerk $B$, so daß die Maschinen außer Tritt
kamen. Sie konnten sich nicht wieder fangen, da die Verschiedenheit
von Spannung und Frequenz in den Kraftwerken durch den unbesei-
tigten Kurzschluß am Ölschalter $3$ weiterbestehen blieb. Die unabhängigen Überstromzeitrelais $1$ und $2$ waren nicht imstande auszulösen, weil
sie bei den Pendelknoten immer wieder in die Ruhelage zurückgingen.
Die Entkupplung übernahmen schließlich die Impedanzrelais ($N$-Relais) $a$
und $b$, deren Ablaufelemente sich durch die Stromimpulse der Pendelungen immer weiter bewegten, bis schließlich die Auslösung zustande
kam. Erst danach veranlaßten die unabhängigen Überstromzeitrelais $1$
die Abschaltung des Kurzschlusses durch den Generatorschalter im
Kraftwerk $A$.

Im Falle II entstand an der Stelle $K$ ein dreipoliger Kurzschluß
(Abb. 138), der wiederum stark unsymmetrisch zu den Dampfkraft-

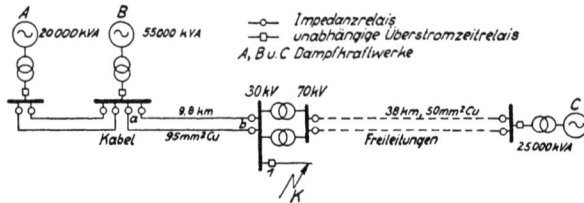

Abb. 138. Pendelungen in einem aus Kabeln und Freileitungen
bestehenden Hochspannungsnetz.

werken $A$, $B$ und $C$ lag. Die Kraftwerke kamen nach Eintritt des Fehlers
sofort ins Pendeln. Die fälschlicherweise auf 4 s eingestellten unabhängigen Überstromzeitrelais $1$ gingen im Rhythmus der Pendelungen
immer wieder in ihre Anfangslage. Ebenso verhielten sich die Relais an
den Transformatorenschaltern. Die Trennung der Kraftwerke wurde
auch hier durch die Impedanzrelais $a$ und $b$ bewirkt. Der Schalter $1$
an der Kurzschlußstelle löste erst aus, nachdem das Kraftwerk $C$ allein
die Kurzschlußstelle speiste.

Eingangs wurde erwähnt, daß Spannungschnellregler das Fangen
außertrittgefallener Maschinen begünstigen. Folgender Fall aus der
Praxis zeigt, daß es auch hier Ausnahmen gibt.

Zwei über 100- und 40-kV-Leitungen verbundene, voneinander
rd. 300 km entfernte Kraftwerke $A$ und $B$, mit verhältnismäßig stark
verschiedenem Maschineneinsatz, deren Generatoren mit Spannungs-
reglern ausgerüstet waren, hatten bei Kurzschlüssen im vermaschten
Teil des 40-kV-Netzes besonders stark unter Pendelerscheinungen zu

leiden (Abb. 139). Die Maschinen fingen sich fast nie. Die beiden Netze wurden durch die Distanzrelais in den 40-kV-Verbindungsleitungen an irgendeiner Stelle — meist in 1 und 2 — voneinander getrennt, oft erst nach längerer Pendelungsdauer. Änderungen der Relaiszeitkennlinien, die man vor und nach groß angelegten Pendelversuchen vornahm, führten nicht zum Ziel. Erst seitdem im Kraftwerk B die Spannungsschnellregler überhaupt außer Betrieb gesetzt wurden, ist eine Verbesserung der Stabilität eingetreten. Die Maschinen fangen sich nunmehr leichter und eine Trennung der Kraftwerke erfolgt nur noch selten.

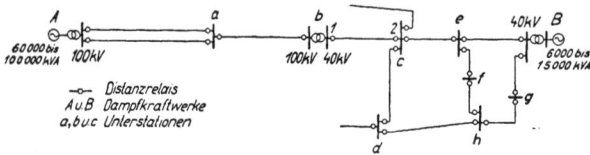

Abb. 139. Pendelungen in einem Freileitungsnetz.

Die Erklärung hierfür ist folgende: Nach der Beseitigung der Spannungsschnellregler können die Maschinen in B nur noch kleine Kurzschlußströme liefern, die ihrer Erregung während des normalen Betriebes entsprechen. Infolgedessen geht ihre Tourenzahl wesentlich weniger zurück, als vorher bei Verwendung der Spannungschnellregler. — Die Stabilität dieses Netzes dürfte auch dann eine Verbesserung erfahren, wenn man die 100-kV-Leitungen von A bis B durchführt, so daß das 40-kV-Netz einseitig gespeist wird. Sie wäre auch besser, wenn sich im 40-kV-Netz eine beträchtliche Herabsetzung der Relaislaufzeiten ermöglichen ließe, damit die mit Kurzschluß behafteten Anlageteile sehr schnell von den gesunden Netzteilen abgetrennt würden.

Der weitgehende Zusammenschluß großer Netze kann unter Umständen die Stabilität des Betriebes ungünstig beeinflussen, besonders, wenn infolge geringer Netzbelastung nur wenige und verhältnismäßig kleine Maschineneinheiten in Betrieb sind. Die Generatoren werden nämlich, falls keine Kompensationsdrosseln im Netz vorgesehen sind, bei geringer Netzbelastung zum großen Teil durch die Netzkapazität erregt. Tritt nun ein Kurzschluß in einem solchen Netz auf, so verschwindet die Netzerregung momentan, die Spannungschnellregler haben sie zu ersetzen, können das aber manchmal erst nach 8 bis 12 s erreichen. Durch die stark zusammengebrochene Spannung verlieren die Generatoren ihre synchronisierenden Kräfte, der gegenseitige Schlupf zwischen den Polrädern der Maschinen wird mit der Zeit immer größer. Hierdurch ist das Wiederfangen der Maschinen trotz ihrer kräftigen Dämpfung erschwert. So sind zum Beispiel die Pendelungen in einem großen Verbundnetz in Deutschland, in dem jahrelang nur unerhebliche Pendelungen auftraten, durch Änderung des Netzgebildes und der Belastungsverhältnisse auf der 100 kV-Seite so stark geworden, daß die Distanzrelais nunmehr eine Trennung der Stromquellen herbeiführen. Natürlich spielen hier, wie auch in anderen Fällen, Lage und Art der Fehler eine gewisse Rolle.

Praktische Versuche zum Studium der Pendelerscheinungen in Hochspannungsnetzen sind sehr umständlich und kostspielig. In Deutschland wurden derartige Versuche, soweit der Verfasser informiert ist, in größerem Umfange erstmalig von H. Thoma in zwei Netzen in den Jahren 1917 und 1925 und später in der T. H. Karlsruhe ausgeführt. Die bei der A.-G. Sächsische Werke im Jahre 1929 zwischen den Großkraftwerken Böhlen und Hirschfelde sehr großzügig durchgeführten Pendel- bzw. Stabilitätsversuche bringen weitgehende Aufschlüsse über die Ursachen der Pendelerscheinungen sowie Vorschläge zu deren Behebung[1]). Die Studiengesellschaft für Höchstspannungsanlagen, die übrigens auch bei den Versuchen der A.-G. Sächsische Werke beteiligt war, hat noch in weiteren Netzen Pendelversuche angestellt, besonders in Hinsicht auf das Verhalten von Distanzrelais bei diesen Erscheinungen.

Schlußbemerkung: Aus den Erörterungen geht hervor, daß gewöhnliche Distanzrelais allgemein bei anhaltenden Pendelungen in Hochspannungsnetzen das Ausschalten der Hochspannungsschalter, die zwischen den Kraftwerken im Netz eingebaut sind, veranlassen können. Wenn die Distanzrelais überhaupt auslösen, so trennen sie die Stromquellen ganz wahllos irgendwo im Netz zu einem Zeitpunkt, der sich im voraus nicht bestimmen läßt. Eine Selektivität ist bei Pendelungen nicht zu erwarten, da ja im betreffenden Netzteil meist kein Anlageteil (Freileitung, Kabel, Sammelschiene) gestört ist. Es ist praktisch auch nicht möglich, die Distanzrelais so auszulegen, daß sie bei Pendelungen an einer für die Betriebsführung günstigen Stelle zuerst auslösen. Auch die Hinzunahme von Überstromzeitrelais mit Rücklaufsperre führt nicht immer zum Erfolg. Diese Mängel dürfen jedoch nicht überschätzt werden, da einerseits erhebliche und andauernde Pendelungen nicht in allen Hochspannungsnetzen auftreten, anderseits aber Trennungen von Kraftwerken oder Kraftwerksgruppen durch Distanzrelais verhältnismäßig selten vorkommen.

## R. Anhaltspunkte und Winke für die Projektierung.

Die Grundlage für die Projektierung von Selektivschutzeinrichtungen nach dem Widerstandsprinzip bildet ein Netzplan (vgl. z. B. Abb. 140), in dem sämtliche Stationen und Leitungen eingetragen sind. Zur Ermittlung der Primärwiderstände der einzelnen Leitungsstrecken

[1]) E. Frensdorf, K. Kühn, R. Mayer und W. Peters, Versuche über Maschinenregelung und Parallelbetrieb in den Großkraftwerken Hirschfelde und Böhlen, ETZ 52 (1931), S. 791, 1185, 1349 und 1509. Vgl. E. u. M. 50 (1932), S. 141.

müssen Länge, Querschnitt und Material der Leiter angegeben sein
(s. a. Kapitel F unter 2). Die Leiteranordnung der Freileitungen spielt
bei den Impedanzrelais praktisch keine Rolle; als Blindwiderstand einer
Freileitung je Phase wird gewöhnlich der Durchschnittswert von 0,4 $\Omega$ je
km angenommen.

Ferner ist die Kenntnis der Nennleistung, des Übersetzungsver-
hältnisses und der prozentualen Kurzschlußspannung der zwischen den
Generatoren und dem Netz liegenden Tranformatoren erforderlich.
Von den vorhandenen Strom- und Spannungswandlern müssen
Übersetzungsverhältnis, Leistung und Bauart zwecks Feststellung
ihrer Eignung für Selektivschutz bekannt sein (vgl. Kapitel J). Für
die Bemessung und Einstellung der Relais-Anregeglieder (Kapitel C)
und auch zur ganz allgemeinen Bestimmung der Abschaltzeit (Kapitel H)
ist die ungefähre Größe des minimalen und des maximalen Kurzschlußstromes zu ermitteln. Zur Bestimmung des minimalen Kurzschlußstromes wird die Angabe des geringsten Maschineneinsatzes in den
Kraftwerken benötigt. Sind an diesen Generatoren zur Zeit der Schwachlast Stromregler eingeschaltet, die bei Kurzschluß die Erregung schwächen, so muß auch deren Einstellung berücksichtigt werden, da sie von
wesentlichem Einfluß auf die Größe des Kurzschlußstromes ist.

Zusammengefaßt sind für die Projektierung einer Selektivschutzanlage nach dem Widerstandsprinzip im wesentlichen folgende Angaben
erforderlich, die am besten in einen Netzplan eingetragen werden:

1. Betriebspannung.
2. Frequenz.
3. Leitermaterial.
4. Leiterquerschnitt.
5. Längen der zu schützenden Leitungstrecken.
6. Anzahl der Kraftwerke und ihre Nennleistungen.
7. Geringster, höchster und normaler Maschineneinsatz in den
   einzelnen Kraftwerken.
8. Besitzen die Generatoren selbsttätige Spannungsregler?
9. Besitzen die Generatoren selbsttätige Stromregler zur Begren-
   zung des Kurzschlußstromes?
10. Strom- und Zeiteinstellung der Überstromzeitrelais an den
    Generatorenschaltern.
11. Anzahl der Transformatoren zwischen den Generatoren und
    dem mit Distanzrelais auszurüstenden Netz.
12. Prozentuale Kurzschlußspannung und Leistung dieser Trans-
    formatoren.
13. Strom- und Zeiteinstellung der Überstromzeitrelais an den
    Transformatorenschaltern.

14. Anzahl der Hochspannungschalter in den betreffenden Stationen und Herstellerfirma.

15. Anzahl der vorhandenen Stromwandler, Einbauort, Modell, Leistung und Übersetzungsverhältnis.

16. Anzahl der vorhandenen Spannungswandler, Einbauort, Modell, Leistung und Übersetzungsverhältnis.

17. Ist der Sternpunkt des Netzes kurzgeerdet oder nicht?

18. Form und Material der Freileitungsmasten.

19. Ausführungsart der Kabel: Ob Dreileiter- oder Einleiterkabel, ob H-Kabel oder Kabel mit Gürtelisolation.

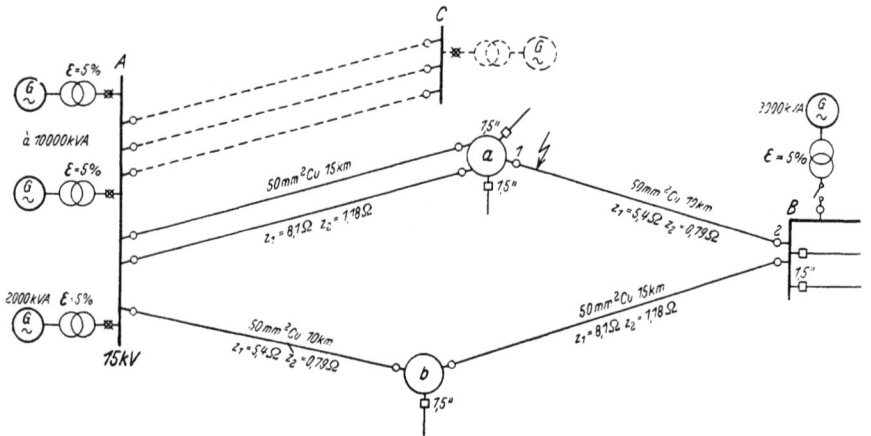

$z_1$ Primärimpedanz je Phase
$z_2$ Sekundärimpedanz je Phase ($ü_i = 100/5$, $ü_u = 15000/110$)
$\varepsilon$ prozentuale Kurzschlußspannung

—O— gerichtete Impedanzrelais
—⊗— Strom-Differentialschutz
—▭— Überstromzeitrelais

Abb. 140. Relaisnetzplan eines 15 kV-Drehstrom-Freileitungsnetzes.

Beispiel: Das in Abb. 140 dargestellte 15 kV-Freileitungsnetz kann von den drei Kraftwerken $A$, $B$ und $C$ jeweils einzeln oder aber auch gleichzeitig mit Strom beliefert werden. Alle Ring- und Parallelleitungen sind daher an beiden Enden mit gerichteten Distanzrelais (Distanzrelais mit Richtungsgliedern oder mit richtungsempfindlichen Ablaufgliedern) versehen. Die von den Unterwerken $a$ und $b$, ferner vom Kraftwerk $B$ abgehenden Stichleitungen sind durch Überstromzeitrelais mit einer Zeiteinstellung von 1,5 s geschützt (vgl. auch Kapitel B unter 1). Generator- und Transformatoreneinheiten haben Stromdifferentialschutz. Die Sekundärimpedanzen der einzelnen Leitungstrecken je Phase $z_2$ sind für ein Übersetzungsverhältnis der Stromwandler 100/5 und der Spannungswandler 15000/110 nach der Formel (25) errechnet. Bezüglich Auslegung der Relaiszeitkennlinien s. Kapitel G. Im übrigen ist die ausführliche Projektierung dieser Selektivschutzanlage mit Kurzschlußstromberechnung in dem Buche des Verfassers »Selektivschutzeinrichtungen für Hochspannungsanlagen« auf Seiten 88 bis 97 durchgeführt.

Wenn die Speisung eines ringförmigen Netzes im Gegensatz zu Abb. 140 nur einseitig erfolgt (Abb. 141), so genügen zum Schutze der von der Speisequelle (Kraftwerk oder Umspannwerk) abgehenden Leitungen an ihrem Anfang ungerichtete Distanzrelais (Relais ohne Richtungsglieder). Unter Umständen lassen sich auch gewöhnliche Überstromzeitrelais verwenden. Am anderen Ende solcher Leitungen baut man zweckmäßig die billigeren Energierichtungsrelais ein (Anregung durch Überstrom-, Unterspannung- oder Unterimpedanz-Anregeglieder), die schon in wenigen Halbperioden die Abschaltung veranlassen, oder aber gerichtete Distanzrelais, die bei Fehlern auf den ganzen Leitungstrecken *a-A* und *d-A* mit der Grundzeit ablaufen. Die übrigen Leitungstrecken im Ringe sind mit gerichteten Distanzrelais geschützt. Die von den Unterwerken *a, b, c* und *d* abgehenden

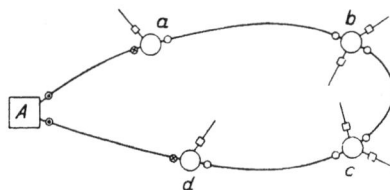

—o— ungerichtete Distanzrelais
—o— Richtungsrelais
—o— gerichtete Distanzrelais
—o— Überstromzeitrelais

Abb. 141. Ringnetz, ausgerüstet mit Distanzschutz.

Stichleitungen versieht man mit Überstromzeitrelais, deren Ablaufzeiten nach oben zweckmäßig mit etwa 1,5 s begrenzt werden.

Falls die Widerstände der einzelnen Leitungstrecken untereinander stark verschieden und die erforderlichen Staffelzeiten dabei mit Relaiszeitkennlinien normaler Neigung (0,5 bis 2 s/$\Omega$) schwer zu erreichen sind, kann die Grund- und Grenzzeitstaffelung hinzugenommen werden (s. Kapitel G unter 1).

In vielen Netzen, insbesondere in Kabelnetzen, kommt es vor, daß von der Sammelschiene einer Station 5 bis 10 und noch mehr Leitungstränge abgehen (Abb. 142). Diese Art der Betriebsführung bringt vom Gesichtspunkt des Kurzschlußschutzes aus zwei wesentliche Nachteile mit sich. Erstens kann bei Kurzschluß an einer solchen Sammelschiene zur Zeit des geringsten Maschineneinsatzes der Strom zur Anregung der Relais nicht mehr ausreichen, so daß die Abschaltung nicht an den richtigen Stellen erfolgt, sondern irgendwo, z. B. durch die Generatorenschalter, bewirkt wird; zweitens kann ganz allgemein die Abschaltzeit durch die Addition der Auslösezeiten an den Zubringerleitungen sehr hoch ausfallen. Diese Nachteile lassen sich durch Unterteilung der Sammelschiene oder durch Verteilung der Leitungstränge auf mehrere Sammelschienen in einer Station beseitigen.

Bei der Projektierung ist auch darauf zu achten, daß durch Änderung der Netzgestalt im Betrieb nicht Fälle eintreten können, in denen

— 164 —

sich ungenügende Staffelzeiten ergeben. Ein solcher Fall ist z. B. beim Betrieb von Doppelleitungen mit einseitiger Speisung möglich (Abb. 143). Tritt hier an der Stelle *K* ein Kurzschluß auf, und ist zu dieser Zeit aus irgendeinem Grunde die Leitung *1* abgeschaltet, so kann, wenn nicht

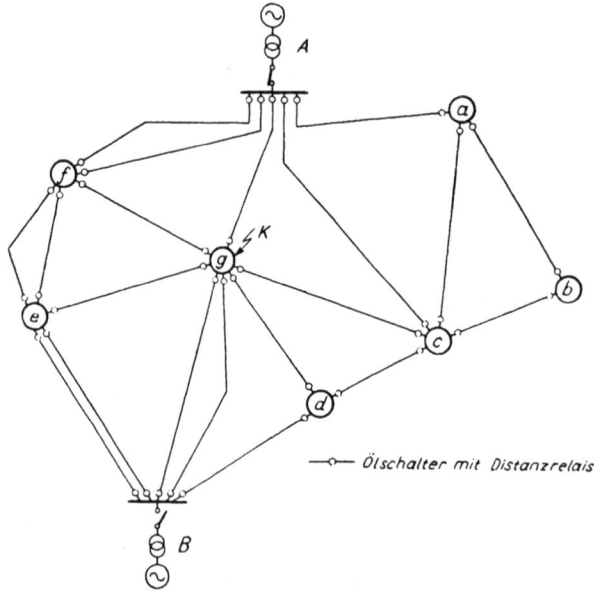

Abb. 142. Vermachtes 15 kV-Freileitungsnetz mit Sammelschienen-kurzschluß in der Unterstation *g*.

gerade die Leitung *2* einen höheren Widerstand gegenüber den Leitungen *3* und *4* aufweist, eine Falschauslösung durch die Distanzrelais *a* zustande kommen. Die Relais *a* messen nämlich eine um nur 50 proz. höhere Sekundärimpedanz als die Relais *c* und *d*, weil sie infolge der gleichen Wandlerübersetzungsverhältnisse den doppelten Strom führen.

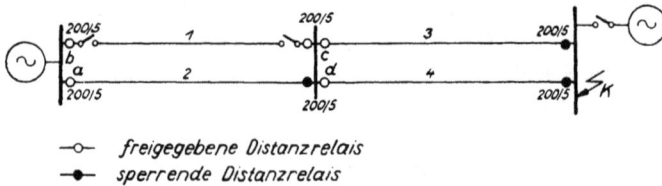

Abb. 143. Doppelleitung, ausgerüstet mit Distanzschutz.

Die Möglichkeit einer Falschauslösung wird noch wahrscheinlicher, wenn die Arbeitszeiten der Hochspannungsschalter übermäßig hoch und die Relaiszeitkennlinien positiv stromabhängig sind. Eine Abhilfe bringt in solchen Fällen nach dem Vorschlag des Verfas-

sers[1]) die zwangsweise Parallelschaltung der Relais *a* und *b*
auf die Wandler der eingeschalteten Leitung durch die
Schalter der abgeschalteten Leitung oder die zwangsweise
Heraufsetzung der Spannung an den Relais der Einfach-
leitung auf den doppelten Wert.

In engvermaschten Netzen sollten an Distanzrelais
keine Zeitweichen[2]) angewendet werden, da sonst bei evtl. Versagen der Relais bzw. Hochspannungschalter, die der Fehlerstelle am
nächsten liegen, die Distanzrelais der gesunden Leitungen infolge der
dort übermäßig hohen Sekundärimpedanzen (vgl. die Ausführungen
zur Abb. 55) die Auslösung nicht herbeiführen können. Die gleiche
Einschränkung gilt auch für nicht vermaschte Höchstspannungs-
Freileitungsnetze, bei denen, wie schon früher erwähnt, der Lichtbogenwiderstand sehr hoch werden kann. Auch bei Erdkurzschlüssen dürften
sich Schwierigkeiten ergeben, z. B. wenn die Leiter auf die Erde fallen
(Abb. 47). Aus diesen Gründen kann Zeitweichen nur ein zweifelhafter
Wert zugesprochen werden. — Die Zeitweichen dürfen mit den Grenz-
zeit-Einstellvorrichtungen nicht verwechselt werden, die im Kapitel G
bereits besprochen wurden (s. a. Abb. 54).

Im Verlauf eines Kurzschlusses tritt in elektrischen Netzteilen fast
regelmäßig ein Abfallen der Netzspannung auf. Nach Abschaltung des
gestörten Anlageteiles steigt die Betriebspannung mehr oder weniger
schnell wieder an. Das Wiederkehren der vollen Spannung kann 0,5 bis
2 s und noch längere Zeit dauern. In den Abb. 128 und 129 ist der
Verlauf entsprechender Spannungskurven wiedergegeben. Die Span-
nungsüberhöhung nach der Störung erklärt sich durch den Einfluß der
selbsttätigen Spannungsregler. Der langsame Wiederaufbau der
Spannung gibt Veranlassung zur Vorsicht bei Verwendung
von Unterspannungs- und Unterimpedanz-Ansprechglie-
dern der Relais. Es kann nämlich bei einer bestimmten
Stromabnahme in den Unterstationen ein vorübergehendes
»Klebenbleiben« der Ansprechglieder eintreten und mithin
die Abschaltung gesunder Netzteile.

Bei der Auswahl der Relaisschaltungen für Hochspannungsnetze
mit Eisenmasten und Erdseilen ist besondere Vorsicht geboten. In
solchen Netzen sind die Kurzschlüsse viel komplizierter als in Mittelspannungs-Freileitungsnetzen und in Kabelnetzen. Es sei nur darauf
hingewiesen, daß fast alle Kurzschlüsse Erdberührung haben, die Lichtbögen gern wandern und oft die überbrückte Polzahl wechseln.

Vielfach ist die Meinung verbreitet, daß in Verbundnetzen einheitliche Distanzrelais einzubauen sind. Soweit die Netze galvanisch ver-

[1]) DRP. 469831 v. 29. 1. 26.
[2]) Einrichtungen, die innerhalb eines einstellbaren Impedanzbereiches die Kontaktgabe der Relais verhindern.

bunden sind, müssen die Relais natürlich gleichen Charakter haben. Für Netze, die über Transformatoren gekuppelt sind, ist dieser Standpunkt nicht mehr haltbar, denn die Transformatoren haben gewöhnlich so hohe Widerstände, daß auch grundverschiedene Distanzrelais noch eine sichere Selektivität gewährleisten.

In Freileitungsnetzen mit Ringleitungen bzw. parallelen Leitungen kommt es häufig vor, daß Kurzschlußlichtbogen schon durch das Auslösen eines Schalters zum Erlöschen gebracht werden. Der Grund hierfür liegt darin, daß der Fehlerstrom, der dann über den zweiten Schalter in die kranke Leitungsstrecke fließt, nicht mehr ausreicht, den Lichtbogen aufrechtzuerhalten. Nicht eingeweihte Betriebsleiter vermissen in solchen Fällen das Auslösen des zweiten Schalters und glauben darin ein Versagen der Relais zu erkennen. Der Fachmann sieht demgegenüber in der einseitigen Abschaltung eine Zweckmäßigkeit, die die Wiederinbetriebnahme der Leitungsstrecke erleichtert.

## S. Schlußbemerkungen und geschichtlicher Rückblick.

Die Technik der Schutzrelais hat in den letzten zwölf Jahren eine stürmische Entwicklung durchgemacht und ist zur Zeit immer noch im vollen Flusse. Die Fortschritte wurden dabei weniger im planvollen Zusammenarbeiten erzielt als vielmehr stufenweise durch den Konkurrenzkampf erzwungen. Einen bestimmten Anteil an der Entwicklung, insbesondere an der Weiterentwicklung der Schutzrelais haben, außer den Erfindern, den Konstrukteuren und den Projekteuren nicht zuletzt auch die Ingenieure der Elektrizitätswerke.

Es ist durchaus möglich, daß schon in den nächsten Jahren für den einen oder anderen Anlageteil oder sogar für das eine oder andere Netzgebilde geeignetere Selektivrelais auf den Markt gebracht werden. Das eine kann aber jetzt schon mit Sicherheit gesagt werden, daß die Relais nach dem Widerstandsprinzip noch lange das Feld beherrschen werden. Denn sie eignen sich, wie schon in den ersten Kapiteln ausgeführt, praktisch für jede Gestalt von Kabel-, Freileitungs- und gemischten Netzen und lassen sich ohne Schwierigkeiten auch nachträglich einbauen. Versagt bei einer Störung die Auslösung an einem der zuständigen Hochspannungschalter, so wird durch die Distanzrelais der nächste in Frage kommende Schalter zur Abschaltung veranlaßt, was bei den ausgesprochenen Fehlerschutzsystemen (Differentialschutz, Richtungschutz, Buchholzschutz usw.) keineswegs der Fall ist. Außerdem eignen sie sich auch als Transformatoren- und Sammelschienenschutz.

Seit kurzer Zeit versucht man das Problem der Stabilität der Netze und des Einflusses des Lichtbogenwiderstandes auch durch Einführung von Schutzsystemen nach dem Vergleichprinzip zu lösen. Zu diesen

Schutzsystemen gehören in erster Linie der Energierichtungs-Vergleich-schutz und der Längsdifferentialschutz, die beide sehr kurze Arbeits-zeiten aufweisen, aber nur bei Fehlern innerhalb der zu schützenden Leitungstrecke arbeiten. Bei kurzen Leitungstrecken wird der Vergleich der Energierichtung bzw. der Stromstärke über Hilfsleitungen, bei langen über Kanäle, wie sie aus der Fernmeldetechnik bekannt sind, durchgeführt[1]). Der Vergleich der Energierichtung erfolgt durch watt-metrische Relais, der Vergleich der Stromstärken durch Stromrelais, sog. Stromdifferentialrelais. Diesen Schutzsystemen nach dem Ver-gleichprinzip muß aber zur Vollständigkeit, besonders hinsichtlich Reserve- und Sammelschienenschutz, noch ein Distanzschutz überlagert (zugeordnet) werden. Zu dieser Erkenntnis ist man durch die gestei-gerten Anforderungen der Elektrizitätswerke erst so recht in jüngster Zeit gekommen.

Die gleichen kurzen Auslösezeiten erhält man auch beim Schnell-distanzschutz, wenn die Meßglieder der ersten Stufe an beiden Enden der zu schützenden Leitungstrecke über Hilfsleitungen oder Hoch-frequenzkanäle miteinander verbunden werden; überdies hat man dann gleichzeitig noch einen Reserveschutz für die Sammelschienen und die angrenzenden Leitungstrecken mit eingeschlossen.

Die Vergleichschaltungen sind sehr mannigfach. Auf sie hier näher einzugehen, würde gegen das Hauptthema verstoßen. Es ist aber ge-plant, in einer anderen Arbeit über die grundsätzlichen Schaltungen zu berichten.

Die grundlegenden Erfindungen auf dem Gebiete des Distanz-schutzes reichen bis in das Jahr 1904 zurück[2]). Es seien hier die Namen einiger Erfinder kurz erwähnt: Chr. Krämer, K. Kuhlmann, W. Wecken, L. N. Crichton (USA.), G. J. Meyer, P. Ackerman (Kanada), J. Biermanns und P. Schade. Die Haupterfindungen (auf dem Gebiete der Distanzrelais) schließen eigentlich mit dem Jahre 1923 ab. Spätere Fortschritte erstrecken sich mehr auf Verbesserungen der Distanzrelais und auf die Entwicklung der Distanzschutzschaltungen (vgl. a. Kapitel K).

Die Distanzrelais mit stetigen und stufenförmigen Zeitkenn-linien sind praktisch zu gleicher Zeit entwickelt worden (1921 bis 1924). Während man in Deutschland (Dr. Paul Meyer A.-G., AEG) und in USA. (Westinghouse Co.) die Relais mit stetigem Zeitkennlinien-verlauf auslegte, wurden in Kanada (Causfield Electrical Works, To-ronto) Relais mit stufenförmigem Verlauf der Zeitkennlinien ver-

---

[1]) Siehe z. B. auch M. Fallou, La protection sélective des réseaux contre les courts-circuits au moyen de courants de haute fréquence, Bulletin de la SFE, 1931, Heft 9.
[2]) Näheres s. bei M. Walter, Die Entwicklung des Distanzschutzes, VDI-Zeitschrift, Bd. 75 (1931), S. 1555.

wendet. Beide Ausführungsarten haben sich bis heute durchaus behauptet.

Die ersten widerstandsabhängigen Relais waren Impedanzrelais. Mit der Zeit erkannte man, daß der Lichtbogenwiderstand in Höchstspannungs-Freileitungsnetzen auf die Ablaufzeit der Impedanzrelais störend wirkte, besonders bei den verhältnismäßig langen Ablaufzeiten der ersten Relaisausführungen. Daraufhin wurden von verschiedenen Firmen (BBC, Siemens, AEG, GEC usw.) für solche Netze Reaktanzrelais oder begrenzt-reaktanzabhängige Distanzrelais entwickelt (1927 bis 1929).

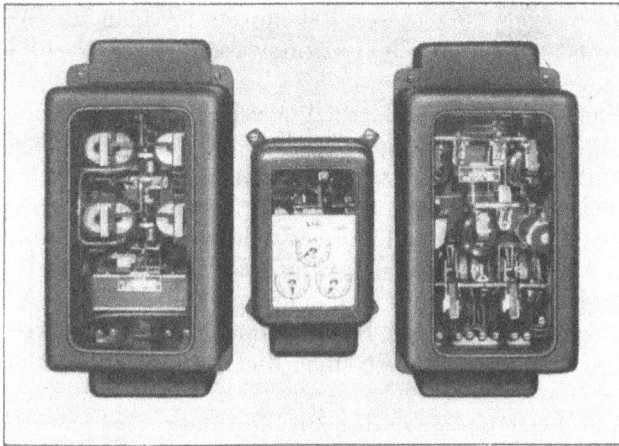

Abb. 144. Schnell-Impedanzschutz der AEG für ein Drehstromende (50 Hz). Rechtes Gehäuse — Unterimpedanz-Anregeglieder, linkes — zwei Meßglieder und ein Richtungsglied, mittleres — Stufenzeitrelais mit drei Kontaktpaaren. Siehe auch Prinzipschaltbild Abb. 59a sowie Beschreibung auf S. 74.

Seit zwei Jahren setzt sich immer mehr die Auffassung durch, daß schnellarbeitende Impedanzrelais den Einfluß des Lichtbogenwiderstandes auch eliminieren, besonders wenn das Meßglied der zweiten Stufe so ausgelegt ist, daß es die Messung der Impedanz schon innerhalb der ersten Perioden ausführt[1]) und den einmal gemessenen Wert bis zum Auslösen des Hochspannungschalters festhält[2]), oder aber wenn es reaktanz- bzw. begrenzt reaktanzabhängig gemacht wird. Näheres über die Vorzüge und Nachteile der Impedanz- und Reaktanzrelais mit stetigen und stufenförmigen Zeitkennlinien siehe in den Kapiteln D unter 4, G unter 2, H unter 2 und N unter 3.

---

[1]) Zu einer Zeit, da der Lichtbogenwiderstand noch klein ist (vgl. die Ausführungen im Kapitel N).

[2]) Sei es durch besondere Haltespulen oder durch ein schlechtes Halteverhältnis des Meßgliedes.

# Literaturverzeichnis.

## I. Bücher.

Bernett P., Die Bekämpfung des Erd- und Kurzschlusses in Hochspannungsnetzen. R. Oldenbourg, München 1927.

Bresson Ch., Transformateurs de mesure et relais protection. Dunod, Paris 1932.

Goldstein J., Die Meßwandler. J. Springer, Berlin 1928.

Jliovici A., Protection sélective des réseaux. Etienne Chiron, Paris 1928.

Keinath G., Die Technik elektrischer Meßgeräte. R. Oldenbourg, München 1928.

Kesselring F., Selektivschutz. J. Springer, Berlin 1930.

Rüdenberg R. (Herausgeber), Relais und Schutzschaltungen in elektrischen Kraftwerken und Netzen. J. Springer, Berlin 1929.

VDEW, Relaisbuch. Vereinigung der Elektrizitätswerke, Berlin 1930.

Walter M., Projektierung von Selektivschutzanlagen nach dem Impedanzprinzip. ROM-Verlag, Berlin 1928.

Walter M., Selektivschutzeinrichtungen für Hochspannungsanlagen. R. Oldenbourg. München 1929.

## II. Zeitschriftenaufsätze.

Ackerman P., J. Engng. Inst. Canada 1922, Heft 12.

Biermanns J., Fehlerschutz von Hochspannungsnetzen. E. u. M. 1925, S. 369.

Biermanns J., Sicherung der Energieversorgung. ETZ 1925, S. 909.

Biermanns J., Selektivschutz von Hochspannungsnetzen. Bull. des S. E. V., 1927, Heft 3.

Dubusc R. u. Douce P., Rev. gén. Electr. Bd. 31 (1931), S. 251 u. 282.

Fallou M., La protection sélective de réseaux contre les courts-circuits au moyen de courants de haute fréquence, Bulletin de la S.F.E., 1931, Heft 9.

Fischer R., Erfahrungen mit dem Schutzsystem des Ostpreußenwerkes. ETZ 1928, Heft 10.

Goldsborough S. u. Lewis P., Electr. Engng. Bd. 51 (1932) S. 410.

Groß E., Selektivschutz durch Distanzrelais, E. u. M. 1927, Heft 39.

Groß E., Schaltungen für Distanzrelais, VDE-Fachberichte 1931.

Groß E., Über Schnellselektivschutz in Hochspannungsanlagen, E. u. M. Bd. 51 (1933) S. 201.

Keinath G., Störungsschreiber für Starkstromnetze. ATM, 1931 — T. 32.

Lesch G., Neuerungen auf dem Gebiete des Distanzschutzes, VDE-Fachberichte 1928.

Mayr O., Einphasiger Erdschluß und Doppelerdschluß in vermaschten Leitungsnetzen. Archiv f. Elektr. 1926, Heft 2.

Neugebauer H., Stromwandler für Schutzsysteme. Siemens-Zt. 1931, Heft 3 u. 4.

Neugebauer H. und Geise F., Eil-Impedanzrelais, Siemens-Zt. 1932, Heft 2.

Neugebauer H., Was ist Streckenschutz, Siemens-Zt. 1933, Heft 3.

Poleck H. und Sorge J., Zeitstufen Reaktanzschutz für Hochspannungsfreileitungen. Siemens-Zeitschrift 1928, Heft 12.

Poleck H., Der Drehstrom-Reaktanzschutz. Siemens-Zeitschrift 1932, Heft 11.

Puppikofer N., Das Minimalimpedanzrelais. Bulletin des S. E. V. 1929, Heft 9.

Schimpf R., Selektivschutz für lange Hochspannungsübertragungen, VDE-Fach-berichte 1931.

Schmolz A., Die Entwicklung des Kurzschlußschutzes in den 110-kV-Leitungs-anlagen der Bayernwerk A.-G. ETZ 1929, Heft 12.

Sorge J. und Wellhöfer, Impedanzschutz für Kabel und Freileitungen. Siemens-Zeitschrift 1928, Heft 11.

Sorge J. und Neugebauer H., Einphasiger Impedanzschutz. Siemens-Zeitschrift 1931, Heft 10.

Stoecklin J., Impedanzrelais als Selektivschutz für Freileitungen. Bull. des S. E. V. 1928, Heft 16.

Walter M., Die Entwicklung des Distanzschutzes, VDI-Zt. Bd. 75 (1931), S. 1555.

Warrington C., Electr. Engng. Bd. 51 (1932), S. 410.

# Sachverzeichnis.

www.ingramcontent.com/pod-product-compliance
Lightning Source LLC
Chambersburg PA
CBHW062016210326
41458CB00075B/5659